台湾美食行走秘籍

一个地名·一个人·一种食物

@maybl 吕玫 著

上海科学普及出版社

序

吃遍台湾是个奢侈的梦想

我是大稻埕长大的台湾孩子，在台湾工作了半辈子才来到内地发展新的事业，很多内地朋友在去过台湾旅游之后对我说，台湾最好的风景是人，这句话我深以为然。

15 年前计划在内地开设“一茶一坐”并计划把它打造成连锁餐厅的时候，我们选择了茶人文化作为餐厅的精神，并以此来辅导和培养我们的伙伴。如今，有人说我们“一茶一坐”是上海连锁餐饮的“黄埔军校”，因为这些年来我们培养的一些孩子已经在别的餐饮企业成为中流砥柱，而更多的伙伴也从原来的外场伙伴、厨务成长为区长、店长、部门负责人，这期间，我们也从一间卖茶并兼营餐点的休闲餐厅升级为向全社会推广台湾菜的茶餐厅了。15 年，真的不算短，可是对于我们所期望的品牌使命来说，这还是开始，人生 15 岁，只是少年郎。

15 岁的“一茶一坐”，有一个梦想，
将台湾所有好吃的都介绍给内地的朋友。

所以每一季我们都会推出几十个新品，餐单也是不断扩容，每一次我们都会想只留下那些盈利高的，让伙伴们的工作压力减轻一些，但每一次我们又会想留下那些值得推荐的台湾经典美食。可是台湾菜、台湾美食真的太多太多了，每一个都不舍得拿掉，餐单什么时候才能减磅啊？

一直跟我们合作的作家吕玫小姐在我们的邀请之下特地去台湾进行了实地考察，我们的行政总厨黄启云先生以及他在台湾餐饮界的朋友们热情招待，吕小姐 9 天时间吃了近 50 顿，每顿的内容都不一样，9 天时间她胖了 3 斤回来，台湾的朋友还追在后面说——还有花东地区没去，还有很多地方没有吃到！

台湾是个很小的岛，不过 2000 多万常住人口，但食物的多样性让人不容小视，很多店已经传了三代，有的菜式几十年不变，坚持传承是他们的秉性，而台湾街头的店面真的又是多变的，在守住传统的同时不断挖掘新意，这也是台湾美食异彩纷呈的源头。

现在我在内地的时间比较多，每次回台湾，我一定会先去小时候吃惯的那些店重温一下，然后会在当地的朋友们的带领下去探访新店，所以，每次回台湾，关于餐品的创意就会满溢出来，我是如此，我们全公司的台湾同事都是如此。

想要一次吃遍台湾，真的是奢望，所以没法每一季去尝鲜的人，就来“一茶一坐”吧，我们会为你选择、推荐、精心制作，让你尝得到幸福的味道。

陳定宗

目录

大溪·钟家·金兰酱油·
吃懂台湾，第一步

有博物馆的酱油厂

占有台湾酱油 70% 市场的金兰酱油诞生于 70 多年前，吃懂台湾，最基础的第一步就是了解台湾人的酱油。也正因为有着这么悠久的历史，金兰酱油才会在厂区建造博物馆，每天向人们讲述这一瓶瓶酱油的故事。

最早台湾当地人用黑豆酿造酱油，后来日本工厂用黄豆酿造酱油，成本较黑豆为低，钟家第一代机缘凑巧得到一支充满活力的曲菌，由此展开了金兰酱油的传奇历程。

早年的金兰酱油用倾盖式缸酿法，如今为了保障酱油的品质，金兰酱油厂由德国进口部分设备，自己又根据金兰酱油那支曲菌的性格特点设计了酿造细节，为曲菌的活动打造了标准完美的小宇宙，经过去油处理的黄豆在曲菌的作用下，需要经过不少于 180 天的发酵，才会有醇厚浓郁的酱香味。用金兰酱油加工的食品遍布台湾，还有更多家庭也用金兰酱油烧制菜肴，70 年来，金兰的味道奠定了台湾菜的基础味，古早味。做台湾的三杯料理，必须用台湾酿造的酱油，不然就少了那种浓郁的台味。

拜访金兰酱油厂是我的第一个行程，刚下飞机，龙凰号卤肉饭的小沈老板就开车将我们载去了远在桃园大溪的厂区，沈老板家做卤肉饭少不了金兰酱油，但参观厂区还是第一次。

大溪是看起来很一般的小镇，街景跟我们内地二三线城市的城郊结合部很像，下午四点左右，很多小店铁门低垂，放了学的小学生三三两两地自己背着书包回家，那一瞬间好像回到了 20 世纪 80 年代，唯一不同的是满街的店招和广告，隐隐地透露着商业的生机。

金兰酱油厂在这个小地方显得很醒目，厂门口是硕大的三只酱油瓶，分别是不同时期酱油里的王牌。我们到的同时，有两辆旅行社的大巴车也开进了厂区，一群台湾口音的阿姨妈妈爷叔伯伯们冲进了一楼的酱油博物馆。后来我们才知道，台湾推广“观光工厂”的项目，我们参观的很多工厂都有观光的项目，借由旅游来展示产品的品质和内容，让大家可以了解自己每天吃到的食物是怎么生产出来的，而厂区每天需要公开展览，生产的流程自然是必须经得起推敲的，食品安全问题因此也得到监督，变得透明。

作为酱油工厂，金兰厂空气清新，地面整洁。我小时候在扬州生活过很长时间，每天我会穿过一个叫做蒋家桥的地方去上学，那里有一个老式的酱厂，整条街都是豆类发酵的味道，现在知道那其实是食物正常发酵时应该有的美味，但青春期的时候那满街的酱香气真的让我抓狂。可是在

金兰酱油厂，空气中完全闻不到这样的气息，豆子们在哪里变成酱油的呢？

期待着看见田野那样宽阔的酱厂，成百上千的酱缸戴着帽子，酱工在里面巡视，似乎有牧歌一般的音乐在里面回荡。来台湾探访美食，我期待的是像那样的质朴画面，可是，音乐戛然而止。在酱油博物馆，负责介绍的杨先生指着一口崭新的酱缸说：“这是我们仿制的，现在会做这种酱缸的老师傅已经没有了，我们也早就不用酱缸制造酱油了。”

手工的总是好的，这可能是很多的奢侈品广告深深植入在我们脑海里的印象吧。可是之后在各个酿造企业，他们都放弃了原始质朴的传统方法，改用发酵槽和流水线，这是为什么呢？

早年，曾经爆发过食品安全问题的突发事件，酱油、醋、酒这些天然酿造的食品会因为天气的骤然变化，在酿造的过程中产生变质，并因此发

生了大面积的食物中毒事件。所以从 20 世纪 70 年代开始，金兰酱油就在思考科学和量产的问题，如何让豆子和曲菌在发酵的过程中保证不受杂菌的影响，如何为酱油的生产创造恒温、恒湿的小宇宙？生产产生的废水、废料如何不污染环境……

这一切当时并没有人能提供帮助，因为酿造酱油的技术千百年来都是因循传统，没有工业化生产的，所以也没有现成的生产线可以采购。技术人员根据欧洲酿酒业的提示，自主研发出了酱油的全封闭生产线，巨大的不锈钢发酵槽可以调整出恒定的温度和湿度，人力和经验产生的不足由机器进行了补偿，将大豆榨取油脂之后，再用豆饼来酿造酱油的秘诀让金兰酱油的口感更加清新。

而带来金兰酱油独特口感的是 70 多年前意外诞生的那一支曲菌，调味不需要味精，天然发酵产生的氨基酸带出鲜醇的口感，正是有着从业人员不懈的努力，酱油这一古老的调味品才能在今天仍然给十几亿的亚洲人带来好味道。

诺大的厂区，生产的酱油卖遍全球，员工却不足百人，为了保障产品的质量，至今没有设立分厂，而金兰酱油诞生的初衷，则是钟家第一代不希望日本人垄断台湾的酱油市场，如今钟家已经传承了五代董事长，虽然是一瓶小小的酱油，却让我们看见了责任和执著。

小贴士 TIPS

据说金兰酱油最大的销售渠道是食品加工厂，像台湾著名的零食"乖乖"，调味用的就是金兰酱油。所以，它的味道是名副其实地渗透进了台湾美食当中，不仅妈妈爱用，更是因为各种食品加工企业爱用金兰酱油，完全不添加味精的金兰酱油经得起食品加工业的高温制作，所以才能担当大任。

照片故事

当年为了宣传金兰酱油，特地举办了摄影大赛，但那时有照相机的人很少，所以参加比赛的大多是照相馆的老板，拍出来的照片极具时代特点，最后获奖的照片是小朋友吃饭的那张哦！

大溪豆干

相传，大溪豆干是客家女在制作豆腐时的大胆改革，她们充分发挥聪明才智，将杀卤工艺由“嫩花”改为“老花”，从而制成大溪豆干。据说，大溪镇的豆干师傅到外地用同样的原料和工序，怎么也制作不出像大溪豆干那样的豆干；外地豆干师傅运载大溪水制作豆干，同样也制作不出独特的风味。大溪位于海拔 1270 米的风景区灵通山和海拔 1544.8 米的大芹山麓底下，源自两座大山的水源丰富，水质无以媲美。灵通山矿泉水含有 20 多种矿物质，其中固体氮的含量是其他矿泉水的 2~15 倍。也许正是这一独特的水孕育出独特风味的大溪豆干。不过金兰酱油厂的陈厂长却认为，大溪豆干的秘密是因为金兰酱油，因为多少年来正宗的大溪豆干用的都是直送的金兰酱油。

还有一个秘密，去吃大溪豆干时，不要买塑料袋真空包装的，要买现场卤制的，因为前者是代工厂生产的，只有后者才是你要找寻的“正主”哦。

了解酱油膏

吃台菜，少不了酱油膏，不过酱油膏可不是浓缩的酱油哦。它是在酱油里加上了糯米粉，让它的口感比较绵密，更加合适蘸食，也可以在食物外面裹上酱油膏烹饪，更加入味哦。

大厨私房推荐

猫空 · 阿义师 · 蒜泥白肉

食 材：

1. 五花肉、葱、姜。
2. 蒜泥、小米椒泥、姜泥、金兰酱油膏、糖。

做 法：

1. 将五花肉、葱、姜加水淹过肉料，煮熟，切薄片装盘。
2. 将蒜泥、小米椒泥、姜泥、金兰酱油膏、糖放入搅碎机打成泥。
3. 肉片蘸酱吃，十分美味哦！

大溪豆干

桃园·广告人夫妇·

摸油汤的廿载

摸油汤是一间很有名气的店。每天下午六点才开门营业，说的是喝酒，卖的却是 20 多年不变的客家菜。小店的原址是一间猪圈，开店的初衷是为了招待自己的朋友。20 多年下来，成了远近闻名的名店，老板夫妇也因此专心经营这家店，15 年没换过厨师，店长更是和小店一同成长从未离开，创业的传奇是很多人的梦想。

到台湾的第一晚，因为在大溪采访金兰酱油，于是就近去了摸油汤，未去以前，启云哥就一再推荐，据说吃客家菜，这间店很有气氛。

谁知道采访完金兰酱油厂之后，陈厂长一定要请我们去吃火锅，畅食火锅每位人民币 98 元，没有油烟气，甜点是哈根达斯，还有生鱼片，真不知道老板是怎么赚钱的，而且这家石头火锅还在台湾有 10 几家连锁店。我在上海倒是不怎么吃烧烤和火锅，怕惹一头一脸的烟火气。这家的锅子自带抽风机，油烟无所遁逃，深得我心。负责烧烤的 18 岁小妹妹清纯可人，还有一个十分卖力的小帅哥是当天的服务明星，餐桌上大家聊得投机惬意，渐渐地误了时间，吃撑了肚皮。回过神来已经没有再吃一顿的余地了，但启云哥已经请了朋友去联系摸油汤的店长，不去是不守信用。

从这一晚开始，我们的台湾美食探访行就定了基调，不停地吃，每一次都吃到百分百，但下一顿的食物却又神奇地装进了已经再也装不下的肚皮。

台湾的酒店大多配了体重秤，难道是预料到来台湾的人因为吃多了都会有称体重的需求吗？这种服务也太让人感动了吧。

还是回过来说说摸油汤吧。

塞了一肚子牛肉和生鱼片的我们，来到了摸油汤的门口，漂亮的红灯笼，门上的门神很有气氛，推门进去，好像20世纪七八十年代到人家家里去做客的感觉，昏暗的灯光，木头橱柜上的旧式摆设，柑仔店的糖果，老歌情意绵绵地在耳边哼唱，四仙桌子，木头板凳，有趣的招贴透着诙谐。

这样的店，有点像丽江和大理的客栈，又像派对里喜欢做复古装扮的精灵女子，外形很有气氛，有没有内涵就看运气了。

上点当家的菜吧，我们也不点，就请店长推荐，上餐速度是真快，这种速度在接下来的几天里一直被保持着，以至于我回上海第一天去外面吃饭就和店员吵了一架，因为等了半小时一碗蛋炒饭还没上来。不好意思，又扯远了，人到中年难免牢骚多啊。

三杯鸡、烫地瓜叶、猪油饭、菜脯蛋、油鸡腿，好了好了，实在吃不下了。可是菜饭摆了一桌子，不吃也不好意思，那就来点猪油饭吧。

小小一碗白饭，在家里的吃法是淋一点酱油，然后挖一小块猪油放在热腾腾的饭上，靠饭的热量让猪油融化，然后再将酱油和猪油与饭拌匀了吃。

在摸油汤，猪油已经跟饭拌好了，因为现在的人每天油水都很足，再看见一块白生生的猪油难免会起腻，这也是店家的贴心之处。将酱油拌拌匀，尝一小口，好香，从小我就觉得酱油和猪油的味道是绝配，让人食指大动。没想到在饱餐一顿之后，它们的威力还在，米饭煮得软硬适中，最质朴的酱油香和最丰腴的猪油味形成一股合力，让你忍不住地把饭扒到嘴里，又迫不及待地嚼一嚼咽下，好吃！

猪油，自然是买了肥肉回来用小火慢慢熬出来的，所以才会有种新鲜的香气，米是台湾当地

的米，酱油是台湾酱油，那种味道，我只是觉得好吃，启云哥却觉得有回忆，是家里的味道。最简单的原材料，最原始的制作方法，却一招见胜负。

最见功力的菜脯蛋，用小小两个蛋，煎得薄薄的，萝卜干的分量刚刚好，既不会露出来，又不会吃不到，问店长有什么秘诀，她只是笑笑，好像是没什么秘诀的意思，又好像很神秘，总之我没能得到答案。

这家店开了20年，15年没换厨师了，也几乎没有换过菜的品类，厨房里四个人，外场也是四个人，大家搭档已经不下十年，真的就像一家人。

老板夫妻原来是做广告的，我们去的时候不在店里，只有微微褪色的结婚照挂在墙上，他们的孩子需要照管功课，所以近几年已经放心地把店交给员工，自己安心顾家了。

问到店长这家店为什么要到晚上才开门，不做午市的生意，店长很诚实地回答："我们这家店是100年的老房子了，以前是猪圈，后来当仓库，我们租下来开店，但外面实在是很不起眼的，白天你路过这里可能会完全找不到，只有到晚上靠着灯光的效果才能够看到。"店长又指给我看房梁，是漂亮的碳化木，我以为是花重金做成这样的，店长却说："你看这条梁，失火的时候烧成了炭，我们也没法装饰，就只能加固一下，维持原来的样子，一切本来是因陋就简，没想到却被大家喜欢，成了一种风格了。"

原来店里的风格并不是刻意做出来的，只是维持了开店时的风格而已，这让我想到了上海的阿山饭店，也是开店30年没有装修过，倒成了上海餐饮的古董级风景。

不过这样的店之所以出名，靠的倒不是这种很有个性的店堂风格，而是因为他们的菜，坚持和开店的时候一样的口味，当你想起它的时候，它还在那里，没有改变，端出来的菜，不受餐饮

界风云变化的影响，勇敢地坚持自己的味道，因此自成一格。

至于那一桌子菜，并没有剩下，说吃不下的人们，不知不觉地就那么吃光了。

小贴士 TIPS

三杯的锅子，是一种专用的有两个耳朵的小扁锅，原来都是浅银白色的，用久了才会变黑哦。正宗的客家店上三杯系列的菜一定是用这种锅哦。

台式三杯鸡的做法

一茶一坐·黄启云

一杯酱油一杯米酒一杯糖，少不了九层塔和姜片，将切好的鸡腿肉先下锅和姜片一起煸炒，然后放进三杯调料，快熟的时候加进九层塔增加香气。

三杯鸡最早是江西菜，是为了纪念文天祥而流行起来的，到了台湾以后减少了油，加进了九层塔，口味比较清爽。

三杯 鐵板
椒麻雞
宮保雞丁
醋溜雞丁
黑椒雞丁
油雞腿
蔥油雞腿
薑絲大腸
蒜泥肥腸
酥炸肥腸
四季肥腸
酸菜肚片
宮保肚丁
客家小炒
三杯田雞
三杯透抽
山藥當歸豬肝煲

淡水·许家·工研醋

借了50元钱到淡水来开杂货店谋生的许医生是工研醋的第一代，二儿子在工业研究所工作，买下了一支醋酸菌，由此开启了许家绵延四代的酿醋生涯，并因此衍生出咖喱酱、味噌酱和醋饮等系列产品。在台湾的小吃摊档和名店里，都能看见工研乌醋的身影，了解许家的醋，才能提升台湾美食的味觉体验。

参观金兰酱油厂的时候，学到一件事，生产调味料的厂家虽然也看重家庭市场，但真正左右销量的是食品加工企业和餐厅，他们的用量更加巨大。

在台湾9天，拜访近50家店，最常见到的醋的确是号称台湾醋业老大的工研醋，工研醋在淡水有两间工厂，都是观光工厂，高处的一家是老厂。

能把醋的文化深深植根到日常生活中，这是我们参观工研醋时的感受，前任董事长和现任董事长是第三代的堂姐弟，两人一起出来接待，又有第四代的少东家和小姐陪同，采访的时候我一直开小差，觉得这么庞大的家族延续四代的生意，一定可以写成一部《大醋坊》之类的电视剧，呵呵，编剧的职业病吧。

说到醋，我小时候住在扬州，“隔壁邻居”就是镇江，镇江的醋历史悠久，几乎就是华人醋的代表之一，所以对于台湾的醋，我是有点将信将疑的，尤其在美女董事长把一瓶醋饮放在我面前请我试试味道的时候，我心里暗想：“瞧瞧瞧瞧，花样来了，因为没有历史底蕴，所以就出花头经，弄点香料把醋冲冲淡，包装一下来唬弄人而已吧。”

可是，入口却有很天然的口感，醋的味道很实在，但不冲，是一种让人想一直喝下去的感觉，浓郁的果香味让人有夏天的想象力，虽然叫“PH饮料”这样很古怪的名字，却是让人很有安全感的滋味。

原来，不是香精调出来的，是在醋里面加入果汁二次发酵的。

又被赶着去参观醋厂的生产线，说真的，大热天还真的很不想去啊。

但，看过就觉得，还是值得一看。

负责介绍的工程师在厂里已经有十多年的工作经验，看起来很老实，介绍到每一处地方，都有一种充满感情的口气，这种感觉让我想到我们父辈那时经常会提到的四个字——爱厂如家。如今在经历了“4050”的痛苦之后，我们已经很少对别人的企业有这样的归属感了，做一天和尚撞一天钟，此处不留爷自有留爷处，这些意气用事的话一天到晚被挂在嘴边。如今在参观醋厂的时候，我有了一种穿越感，仿佛回到了父亲还风华正茂的那个时代，到处是暖暖的人情味。

一直陪着我们参观的前董事长的千金，穿得很中性，是辅仁大学数学系的高材生，经常当志愿者帮助接待内地来的留学生，她的生母在内地从事软件业，而她自己似乎对家族企业很感兴趣，愿意脚踏实地地了解醋的酿造。

她的堂哥从加拿大留学回来，目前也在为企业服务，从事整合营销方面的工作。

有长辈在的时候，两个孩子都不声不响地跟着，几乎看不出个性，更没有飞扬跋扈的那种劲头，让人很是喜欢。

一个绵延了四代的品牌，有了这样的氛围，起码是有希望的。

还是回过头来说说醋吧。

工研的醋有两大基本的种类，一类是白醋，一类是乌醋。

乌醋跟我们的米醋差不多，只是口感上清淡一点，尝了你就知道，是那种醋味浓郁但又没有侵略性的感觉，据说这种个性来自当年的那支醋酸菌。又据说所有的醋都有自己的个性，决定它们个性的都是醋酸菌大人。而工研醋的工厂选在淡水，是因为气候和水质，离开这里，醋的味道就会改变，醋酸菌会不习惯，不管是原始阶段还是现在的工业阶段，这个问题都解决不了。

特别要来说说的是白醋。我对白醋的印象特别不好，在我们家常备的上海白醋是用来清洁用的，成分表上写得很清楚，是醋精用水勾兑的，明显是化学产品。但工研的白醋却是用糯米蒸馏出来的，我被扫盲了。

酿醋，是化学和食物的结合，我并没有太搞懂整个流程，但有一点我有概念。醋和酒的酿造方法是差不多的，酒没酿好就变成了醋，所以白酒那条线就有白醋，黄酒那条线就有乌醋，从科学的方法来讲不见得很对，但意思差不多，因此白醋和乌醋的口味你也就有数了，需要浓烈口感的用白醋，乌醋比较清新内敛一点。

至于果醋，则是在醋的发酵完成之后添加果汁进行再制作的新型醋，更加清淡优雅，也更有亲和力。

绵延四代的工研醋，以一支醋酸菌酿醋起家，如今有 100 多种产品，没有对食品加工业的执著和热爱，做不到这一点。

台湾当地人爱吃色拉，工研醋的酸味是台湾色拉酱的基础，而且在酿造米醋的过程中稍微调整，又产生出一种新的调味品就是味噌，味噌日本的读音类似“米祖”，就是米酱的意思，现在很多地方买到的味噌都是用黄豆做的，基本上是豆酱，但要好的口感，还是要用米来制作。

我有点洁癖，所以对于食物是如何被生产出

来的，特别在意。

虽然很多时候我也会赞叹那些手工制品，但人的因素是很难把握的，清洁问题，卫生问题，流程上的品质控管问题，光鲜文化包装里说的“我如何用心”之类，很难说服我，我会一直纠结于——头发会不会掉进去？苍蝇盯了吗？手能一直保持清洁吗？

参观金兰酱油厂和工研醋厂，这些问题都放下了，因为从投料、发酵、制作、装瓶、运输都是全封闭的流程，而且需要冷藏的成品立刻入冷库保存，虽然看起来是工业化的生产，但是原料完全是天然的，发酵制作的过程还是完全模拟原始状态，这样的进化才能给越来越巨大的市场需求量提供基础。曾经，看过日本来的照片，满山的酱缸，完全靠人力酿造，作为古董保留是可以的，但我们有十几亿人要吃饭，还是安全和产量为上啊。

我们经常会说——遵循古法制作，好像必须使用木桶瓦缸，由满脸是皱纹的老师傅滴着汗制作出来的，才是真正用心的食品。可是，如果将心思花在生产方法的研发上面，试着用先进的设备大量复制传统的味道，难道就不是用心了吗？人类的进化，是因为我们的生育能力提高，食物精细度提高，寿命提高，然后需求也提高了，所以我们的能力才会得到提高。

已经坐飞机日行千里的时代，你可以用步行的方法锻炼身体陶冶情操，可如果你需要从上海去纽约，你也步行吗？

追求质朴和原味，并不是退化回刀耕火种的年代，而是用更高的能力来驾驭自然的力量，复制自然生长的小宇宙，去达到我们想要追求的那种纯朴，这是我在台湾参观完这些酿造厂之后产生的体会。

良心、传承、人伦和希望，因为看到了我们所珍惜的这些，所以我们才会珍惜台湾。

醋茶的年轻态

台湾当地人爱喝醋，但喝的不是又浓又拉喉咙的米醋，而是高粱酿成醋之后再加入水果和果汁的健康醋，洛神花、桂花、玫瑰、梅子、苹果在神奇菌种的作用下，产生优雅的香气和亲和力，再经过调配之后，就成了酸甜有劲的时髦饮品。不断从中华传统元素中发掘时尚性，是台湾老品牌得以繁衍生息的秘诀。推行这种醋的是另一个老品牌——百家珍。

有着数十年历史的百家珍醋与工研醋的区别在于，他们更多地占领了醋饮的市场，在台湾有大量的餐饮使用他们的果醋制作成健康的醋饮料，正是在他们不懈的努力之下，喝醋在台湾年轻人的生活中变成一件很重要的事情。

小贴士 TIPS

吃醋当然是百分之百纯酿造的最好，用力摇一摇醋瓶，瓶内气泡久久不散的是纯酿醋，反之则是勾兑醋。

工研醋推荐
白痴泡菜

简单易行，做法超白痴

食材：白萝卜400克，红萝卜半条，西葫芦半个。

调味料：盐一小匙，白醋、糖、冷开水各一杯。

做法：

食材切丁，用盐腌一下，用冷开水冲洗沥干；白醋和糖搅匀后将沥干的食材放进去，冰箱冷藏4小时，完成！

妒忌——醋茶的秘籍

食材：

茶5克，果味红茶最好；砂糖10克（加少量水熬成糖汁），冰块一杯，珍桂宝典果醋5~10ml

做法：

1. 水煮开，泡茶一杯，1分钟后沥出茶汤。
2. 将滚热的茶汤直接倒入冰块冷却，变成冰茶。
3. 待茶完全冷却后加入果醋和糖汁。
4. 根据自己的喜好增减。

完成！

醋和茶都是碱性食品，酸甜清香的醋茶能中和身体的酸碱度，喝起来也很美味，试试看吧！

八里・佘家・孔雀蛤大王

淡菜、青口贝，嵊泗一带很普通的食物，在淡水八里佘家人的嘴里却是恩人一样的，他们叫它孔雀蛤，因为贝壳的形状和色泽很像孔雀的羽毛。30年前，佘爸爸每天靠出海打鱼供养8个孩子，日子过得十分拮据。一天爸爸在网里发现美丽的孔雀蛤，就让大女儿放在自家门口售卖。路人贪新鲜，希望能买了以后直接品尝，佘妈妈就用自己独特的酱汁爆炒了给客人吃，客人赞不绝口，络绎不绝，因此便开了连家店。后来淡水越来越城市化，渔获少了，家里的水池改建成房子。因为佘家的孔雀蛤，八里渡船头也成了风景，整条街变得热闹起来。现在儿子们已经自立门户，也去经营自己的孔雀蛤店，倒是4个女儿还在帮忙料理创始店的生意，七妹快人快语负责接待联络，八妹以前喜欢美术，店里的餐单就是她亲自拍照和设计的，近200个座位的店，里里外外只有十几个人在操办，勤劳和坚持，让孔雀蛤这个看起来普通的海产品变成了佘家的王牌。

小时候奶奶喜欢在夏天煮淡菜萝卜豆腐汤，冬瓜汤里也会放，但没什么味道，尤其是如果怀抱着对海鲜的憧憬去咀嚼它，失望很大，难怪叫淡菜。

谈恋爱的时候去嵊泗，每天往渔民家里去吃饭，有一天主人家很不好意思地说——今天台风，实在没什么菜买，只能吃吃淡菜，那淡菜个头很大，连壳炒来吃，还是清淡无味的意思，也不知道为什么会有人喜欢。

前段时间“赵小姐不等位”成了上海的名店，那多老师一下子成了餐饮界的风云人物，可他心心念念的却是在比利时造访过的青口贝店，小小的店面，专做青口贝，十几种做法，配上外国啤酒，后来他果然还是在新天地开了一家这样的店，生意没有盐烤蟹的店好，但很有气氛。

总的来说，我对青口贝、淡菜提不上什么劲头，所以当工研醋的朋友们热心招待我们在淡水瓦城无敌风景的那家分店吃了泰国菜之后，我几乎是被逼迫着去了八里。

淡水当地人对这间店赞誉有加，并且建议我们坐船经过渡口去八里，最有当年的情调。我是懒人，又从高楼看出去，黑云压城，是大雨欲来的样子，故借机偷懒，还是求着阿义师开车送我们去。

车到八里，所谓的渡船头是一条小小的街，街口就是一家孔雀蛤的店，还有一些小吃摊档，蛮热闹的。

正宗的佘家孔雀蛤大王创始店在22号，从老街上走进去，店面很小，但曲径通幽豁然开朗，里面是很大一间，而且正门其实在河边，准确地说是海。

前些年开始修缮这一带，现在有一条自行车道横过他们家门口，露天的座位很有气氛，不过吃海鲜我还是喜欢看着海吹着冷气，海水的腥气味会影响食欲。在佘家孔雀蛤大王就不会，因为

环境已经改善，跟上海的海鲜店也差不多，不是那么原始的。

佘家七妹原定是要接待我们的，却在前一天被自己养的狗咬伤，换药去了，看起来内向一点的八妹接待了我们。

还是老样子，请八妹推荐招牌菜，又因为她讲的故事里这家店最初是以连家店家常风味起家，所以请她介绍自家从小吃到大的拿手菜，原来拳头产品是炒螃蟹。

佘家爸爸是打鱼的，这附近海域居然曾经盛产海蟹，所以佘家孔雀蛤大王现在餐厅的位置以前是养螃蟹的池子，打回来的野生螃蟹多到要专门砌水池来养，现在野生螃蟹则变得很少见了。佘家为了保持菜的传统味道，还是会专门到鱼市去买，我们来的这一天，正好有刚捕来的螃蟹，而且有很大只的，口福不浅。

孔雀蛤上了好几种做法的，用的是新西兰的原材料，这个季节的孔雀蛤比较瘦小。新西兰的蛤肉质比较肥厚有料，配上佘家特有的酱汁爆炒，吃起来却是意外的美味，虽然已经吃得饱中饱，但忍不住还是动手吃了起来，还在服务大姐的教导下，学会用孔雀蛤壳去戳壳上的干贝肉，平时挖出来晒干煮汤吊鲜味的那一块，口感特别密实。

这一顿打消了我昔日对青口贝的不良印象，淡菜其实是很合适用来烹调成美味的，只是要掌握它的特性，它需要浓郁的酱汁将它的肉包裹起来，是名副其实的君子菜。

至于炒螃蟹，活杀后葱姜爆锅翻炒而已，敌不过螃蟹新鲜肉厚，于是又吃了，吃的时候觉得咸得有味，就又去喝汽水，湿热的天气，苹果汽水变得很好喝。正吃着的时候，外面真的下了一场大雨，人们纷纷进来廊下躲雨，海景看出去有了点油画的意思。

渐渐地，过去的八里开始在我的脑子里浮动清晰……

寂寞的海边，小小几栋房子，渔民爸爸每天出海去捕鱼，家里有 8 个孩子要养，所以什么都要算计着来。捕回来的螃蟹卖不掉就养在水池里，渔网里带上来长在岩石上的贝壳，有孔雀翎毛的光泽，于是起个孔雀蛤的名字叫女儿在家门口售卖，多挣一毛钱也是好的，所以对顾客提出的要求尽量满足，客人要代加工，就为他加工，客人又要求吃点别的饭菜，就从自家厨房里端出来。菜的味道都有点咸，是自然的，平时十几口人要吃饭，妈妈只有把菜烧得咸一点才入味，没想到歪打正着，得到了烹调孔雀蛤的秘诀。

我小时候特别喜欢吃邻居家里的菜，也是这个原因，他们家人多菜少，所以当家的妈妈会琢磨那些用很少的菜就能下饭的秘诀，一碗菜只要伸一伸筷子，半碗饭就下去了，只不过是炒豆干、烧冬瓜，却让人回味无穷。

这家店的菜，至今还维持着这样的风格。

小小的意外渔获，给清贫的一家人带来别样的生机，爸爸依然去打鱼，但渔获可以直接变成餐食在家里售卖了，获得的利润自然多了起来，生意越来越好，一家人就搬上楼去，把楼下让出来开店．人多了，城市发展了，海里的渔获少了，连家店成了一大家人活下去的新希望，所以全家都来店里帮忙，因为是活下去的机会，所以特别珍惜。

一晃 30 年过去，八妹也已经近中年了。爸爸年纪大了，不再去打鱼，家里的生意越来越好，整条街也因为八里的孔雀蛤大王兴盛了起来，原先养螃蟹的池子没用了，改造成了现在的店，楼上楼下近 200 个座位，以炒菜为主的生意，居然里里外外只有十几个人，这在内地的餐饮店里似乎是神话吧，可是因为勤快才苦苦坚持下来，所以还要一直这样坚持下去啊。

台湾的小店里喜欢放一面照片墙，把来过店里的名人都公布上墙。佘家孔雀蛤大王也不例外，不过他们最珍惜的还是一张全家福，在照片上有个小小的男孩，是第三代生了 18 个之后得到的

唯一男丁，朴实的根源文化透过这一张小小的照片折射出来。八妹指着照片说，八个兄弟姐妹只有一个姐姐如今已经不在了，别的都还靠着孔雀蛤的生意生活着。

当初，一放学就回家照顾家里的生意，因为人口多，到处要用钱，所以到店里帮忙是顺理成章的第一要务，精力都花在店里，人生自然也就很难旁顾。可也因为人多，生意好起来才够人手，全家人一起协力，就这么活了下来，真的是很神奇的能量守恒定律。

儿子结了婚，自立门户去了，女儿却还留在家里帮忙，即使客似云来，守在海边的日子终还是单调和寂寞的，有了家人的温暖才熬得下去。紧密的家庭关系保护了家族品牌的生命力，祖传的基业成了家人的庇荫，传统的魅力便是如此吧。

佘家四代同堂的全家福

孔雀蛤营养贴士 TIPS

孔雀蛤煮过晒干就是淡菜，它的蛋白质含量高达59%，其中含有8种人体必需的氨基酸，脂肪含量为7%，且大多是不饱和脂肪酸。另外，淡菜还含有丰富的钙、磷、铁、锌和B族维生素、烟酸等。由于淡菜所含的营养成分很丰富，其营养价值高于一般的贝类和鱼、虾、肉等，对促进新陈代谢、保证大脑和身体活动的营养供给具有积极的作用，所以有人称淡菜为“海中鸡蛋”。中医认为淡菜是补肾良方，夏天煮汤时随手丢几颗在里面，常吃，对出汗后虚亏的身体有补益的作用。

八里孔雀蛤秘籍

吃了孔雀蛤以后，过了快半个月，忽然想念起那个味道，可惜没法跨过海峡再去吃了，就在半夜里发微信给那天一起去的猫空阿义师，问他能不能根据吃过的记忆复制一下那道菜的制作，让我可以在家里试做一下，凌晨一点，菜单传过来了，阿义师果然够“义”呢。

食 材：新鲜青口贝、葱、姜、辣椒、蒜、九层塔。
调 料：酱油膏、盐、米酒、耗油、糖、高汤、水芡粉。

做 法：

1. 先将青口贝洗干净，在油锅里拉一下，到壳张开捞起沥油。在家如果没有大油锅，可以将比较多的水煮至完全沸腾后将青口贝放下去汆烫，壳全部张开后沥干水分待用。
2. 起油锅，将葱姜蒜辣椒下去爆锅，再加入酱油膏、糖和高汤调成汁液，然后加米酒，放入青口贝快速拌几下，放下九层塔增加台湾风味，然后勾芡，装盘。

过程和用料都很简单，但火候和调味料的比例就是完全靠厨师心算的啦，回家多试几次，找到你的王牌孔雀蛤配方吧。

圆环·老沈·龙凰号卤肉饭

龍凰號
Since1936
Long Huang Hao
圓環總舖
53
外帶免下車。
龍凰號
七十年老店
給你一輩子的好味道
TEL: (02) 2556-1571
魯肉飯。

因为有了圆环，才有了台北，这句话是有根据的。100年前开始有摊贩在这里贩卖吃食，渐渐形成商业中心，越来越多的人聚集在一起生活，城市由此而来。可惜几近战乱之后，圆环虽然数次振作，却已经不复当年的盛况。在重庆北路龙凰号卖卤肉饭的老沈算是半个世纪以来圆环兴衰的见证人，13岁就开始在圆环龙凰号当学徒的他，从老老板手里接下了龙凰号，在熄灯歇业以及重振旗鼓之后，如今龙凰号已经传到第三代。小沈师傅10年前才开始接手父亲的生意，年轻的他不仅给龙凰号带来精彩的华丽变身，还将龙凰号的名点卤肉饭和鸡卷送进全台湾600多家便利店销售。我们后来在采访王伟忠的姐姐时，她跟我们提起她以前最喜欢去圆环吃肉焿，我们给她看老沈的照片，居然是故人，见到小沈今天的成就，老客人也觉得十分欣慰，总算从小吃到大的味道还没有因为城市的变迁而失落。

第一次见到沈老板，是在机场，他开着新买不久的车来接我们，看起来很年轻，话也不多，一路认真开车，车技很好，看到路上的重型摩托车，才会说一点自己骑摩托车的事情，心里暗暗猜测，这是启云哥的朋友，或者是徒弟？

后来，在金兰酱油厂，他自我介绍，是龙凰号卤肉饭的，记下这个名字，晚上回宾馆备课。带了焦桐的《台湾味道》，卤肉饭那一章，居然提到龙凰号，又上网去查，有人说这是五大必吃卤肉饭之一，没想到高人竟在身边。

去宁夏夜市吃千岁宴之前，因为一同探访打算拍摄美食视频的音乐厨男张志林才从机场出来，所以我们约在龙凰号见面，顺便吃吃卤肉饭。

为什么说是顺便呢？

早在一茶一坐开店之初，肉燥就是他们的王牌，每去必点，开始觉得好吃，十几年吃下来，已经成了一种熟悉而家常的味道了，似乎觉得肉燥也就是那么回事，只有台湾当地人把它当成一种神圣的吃食。卤肉、肉燥，是用绞肉还是肉条，也十分计较，我们扬州人用肉斩碎了做成狮子头，红烧，清炖，那才是人间美味。所以在心里，有着 2500 多年历史的老城里出来的人，不是没有优越感的，尤其在烹饪这一路，维扬菜系食不厌精，民间高人辈出，当人们说起在台湾吃到美食，一副欲仙欲死的样子的时候，我作为会吃的扬州人，不那么服气啊。

一家专门卖卤肉饭的店，而且只此一家别无分号，没有连锁店，能有什么花样？沈老板人是很不错，怎么样在书里为他包装一下呢？我就这么无聊地想着，从车上下来，转个弯，撞见了龙凰号。

为什么叫撞见？整条重庆北路，就他们家的招牌最大，而且看得出是请专业的设计公司制作的，整洁简约大方，十分醒目，有品牌感，看起来像那种会开一两百家的连锁店，为什么却只开这一家呢？

走进店，又吃一惊，店里的装修明快简洁，看得出也是花了心思的，尤其是一进门墙上用泛黄的报纸做成墙纸，龙凰号的历史一目了然。内容是关于圆环龙凰号的报道，报纸上沈老板的爸爸老沈师傅看起来还很年轻。

很快，我就在点餐台那边看见了正在忙碌着的老沈师傅，肉燥一直在火上卤煮着，特别设计的汤锅里煮着四神汤。为了写台湾美食的书，我早半年就开始在上海找台湾菜吃，因此爱上了四神汤，没想到是他们家的招牌。

老沈师傅在我们去店里的前一天还在看医生，据说是腰痛，骨刺一类的毛病，这种病基本上都是劳损，可是别看他脚步拖沓，手上的动作却不含糊，盛饭、加肉燥、盛汤、出餐，年轻人也自叹不如。

请老沈师傅来讲故事，沈老板立刻顶上老爸的位置，在点餐台那边手脚不停地忙了起来，吃卤肉饭的店人流穿梭不息，翻台极快，一顿饭荤素搭配，热辣烫口，是快节奏的都市人的恩物，

跟老沈师傅交流，有点困难，他几乎不会讲国语，就请阿义师来帮忙翻译。他的事业开始跟《总铺师》里的苍蝇师差不多，13岁的时候，家里太穷，就到圆环的龙凰号来做学徒，一做就做了一辈子。

在圆环摆卤肉饭的摊档，认识了在日本料理店工作的女孩，结婚生子，如今大儿子可以回来照顾生意，老沈师傅看得出来是打心里高兴的，虽然听不懂他讲什么，但皱纹里的笑容十分明澈，是一种很踏实的幸福。

龙凰号第一代卖的就是卤肉饭、香菇脚筋肉羹和鸡卷，如今店里的装修变得时尚了，但拿手的招牌还是这三样。

看起来只是小吃，制作却绝不简单。

卤肉饭讲究的是温度，肉燥和米饭的温度要契合，太烫让人难以接近，太凉则会觉得油腻，

产生抗拒感。怎样的温度是最合适的，不同的季节有不同的体感，经验是解决问题的关键，只有天天在实地操作的人，才会像形成潜意识一样地掌握其间的变化和秘诀。

他们家的肉燥让人特别有食欲，还源于肉燥里的特殊香气，不仅是酱油，还有咖喱，放进少少的咖喱调味，看起来油腻腻的肉燥变得诱人。

焦桐说，肉燥不油，就不是肉燥了，但太油，又会让人有抗拒感，龙凰号的卤肉饭难怪让人喜欢，因为一切都刚刚好。尤其是独门秘诀咖喱的加入更会让人对这一碗卤肉饭上瘾啊。

至于那一道让很多人赞誉不已的肉羮，制作更是不容易。首先要选用炸过的猪脚筋，预先水发一天，发透以后再用热水煮一煮，将之前炸脚筋的油逼出来，然后将热气的猪后腿肉斩碎，手握成型，有了这主要的两样，再把它们放在清水里慢慢熬煮，不用高汤，就可以得到清甜的口感。

至于鸡卷，其实是五香肉卷，里面没有鸡肉哦。

为什么叫鸡卷呢？70多年前的人们可能认为鸡是美味，但又不可能天天吃鸡，所以就用豆皮把吃剩的菜包起来去炸，模拟鸡的感觉。沈家龙凰号的鸡卷现在用了猪后腿肉，加上高丽菜和红枣，切碎以后细细包起来，下油锅去炸，吃的时候配上自制的酱料，十分爽口。

任何食物，好吃才是硬道理，龙凰号的招牌产品卖了70多年，没有太多变化，但能坚持70年不变的味道，对一座城市来说，真的是功不可没的，孙子辈还能吃得到爷爷年轻时候吃过的东西，味道坚持不变，让人感动。

只此一家别无分号的问题也在了解了这三个招牌菜之后得到了解释，原来小沈老板将自己的招牌产品摆进了全台湾600多家便利店，台湾的便利店真的是无处不在，服务人员也十分专业和认真，有了这种战略联合，不愁生意做不大。

十年前在内地从事机电工作的小沈老板被父亲召回台湾，完全以外行人的身份做起，如今不管是餐品的制作还是店里的经营，已经了然于胸，这个结尾似乎也与《总铺师》不谋而合，父亲传下的，孩子传承了。

而且孩子在上一代的基础上有了更多的进步，请专业的设计公司来对品牌进行包装，小沈老板花了不少钱，这一招也让老爸看见了他的决心，现在店里完全交给孩子说了算，只在需要人手的时候把老爸叫来帮忙。一碗卤肉饭，让我的心里充满了夜郎自大的愧疚，我们扬州不是没有名扬天下的食物，狮子头、扬州炒饭——但没有一家家族企业可以将自己家的招牌餐品延续三代，并且依托这个时代产生质的飞跃。

这一点，也正是这一次的台湾美食旅程让我震撼之处，所谓的传承、坚持、创新，是很多大企业不断对员工的教化，似乎收效甚微。但在台湾，一家家的老字号，年轻人踏实地守着祖业，做出新意，明天自然有希望。

草菇猪肚汤

这个汤外面很难遇见，但真的是鲜美可口，想到却吃不到啊！

食材： 草菇、猪肚、猪大骨。
调料： 姜、当归、酒、盐。
做法：

1. 猪大骨出水后加姜和酒熬煮 5 小时以上，备用。
2. 猪肚清洗干净，水煮 40 分钟去味，捞起备用。
3. 猪肚加当归和姜用大骨汤煮到熟烂，加盐后和出过水的草菇煨煮。
4. 吃时可加白胡椒调味。

诀窍是猪肚一定要清洗干净，不然会有异味，而且猪肚越新鲜越好，最好是热气的哦。

圆环资料

圆环成形于 1908 年，本为一圆形小型公园，中心为空地，周围遍栽七里香、榕树等。淡水线铁路开通之后，该地成为大稻埕腹地，摊贩聚集。

日治时期为台北市最重要小吃夜市的圆环，虽曾于 1945 年台北大空袭期间，变成防空蓄水池，不过 1945 年日治时期结束之后，恢复了小吃容貌。1980 年代之前，台北圆环都一直为台北重要地标之一。

随着台北闹区东移，多为违章摊贩组成的台北圆环渐趋没落。

眷村·伟忠姐姐·酸豆角炒香肠

伟忠姐姐快人快语，一口流利的京片子，暴露了她眷属的身份，从小在眷村长大，妈妈是家庭妇女，身边也有很多一辈子操持家务的女人，所以王姐姐从小就有一个梦想，有一个自己的家，做自己家的主妇，喂饱一家人，拥有最平实的幸福。升学时她也是选择了新娘学校，并在应该结婚的年纪嫁人生孩子，可惜她的丈夫却希望娶一个职业妇女，两人意见不合，最终只能分手。因为弟弟伟忠工作忙朋友多，心疼弟弟的姐姐经常会做一桌子好菜请他吃，还会装好以后让他带走。一来二去，娱乐圈的朋友们都知道王伟忠有个会做菜的姐姐，还有美食节目请她去拍摄，虽然没有娱乐业的经验，但只要站在炉灶前面，家庭主妇的霸气和熟稔带出了气场，莫名飞来的烹饪达人的光环催生了自己的品牌，当初那个嫌她没有事业的男人不知会作何感想。

在去“伟忠姐姐的眷村菜”之前，我的脑子里是有一个固定的印象的，眷村的小平房里，几张四仙桌，看起来操劳了半辈子的女子围着质朴的围裙，整个来说应该是像摸油汤那样的复古感觉。说实话，去采访以前我并没有专门了解伟忠姐姐的资料，就连伟忠哥，也是因为那一年在上海全国书展签名售书的时候跟他时间点撞车，见识了粉丝对于他的追捧，才留下了深刻的印象。

现在名人太多，而我每天忙着家务、工作、照顾孩子，很久不看电视，偶尔看看报纸，能记住的名字已经不多，更别提他们的裙带关系婚姻故事了。

我妈喜欢看电视，对伟忠哥印象深刻，听说要采访伟忠姐姐，比我还要兴奋。名人效应对我这个冷淡的人确实没什么效果的。

车子开到她的店门口，小院很雅致，门口的那头牛也让人喜欢，不过老实说，整家店更像一个小卖部，店里也几乎没有人在吃饭。

探访美食，牵扯一个名人的裙带关系，我真的有点不明白为什么一定要安排这个行程。

听说伟忠姐姐在国外，也采访不到，更让我兴致寥寥。

可是门一开，她已经春风满面地迎了出来，是因为我们要来探访特意修改了行程？对“大牌”的那点戒心，渐渐放下了。

时髦漂亮，爽快利落，快人快语，反应敏捷，虽然脸上看得到年纪，但相谈之后便会忘年，这一家人，都有着与众不同的幽默自嘲，难怪只要在电视媒体露面，就会得到好评。

自己接触之后，就会发现大家误读之处，伟忠姐姐的眷村菜，不是只开一间小小的店铺照顾周围的邻居，而是将好吃的饭菜打包起来，通过宅配、网络购买等等先进的手段将眷村的家常菜直送到你家餐桌，让更多的人能回家吃饭。

这个理念，才有王伟忠的风格。

伟忠姐姐身经百战，与记者交手不下百次，竹筒倒豆子一样地将要说的话“背”一遍，就好像那种一览无余西式的快餐店将商业的料全部抛出，快捷，效率，但我喜欢别人没看见的另一面。

于是，我请她做一道菜，一个人，会不会做菜，试试就知道。

不好意思，这是多年记者的职业病，总喜欢挖点真相。

伟忠姐姐说——我做菜是从妈妈那里看来的，然后通过多年做菜的经验自己悟出很多诀窍。

那就试试看来一道这样有创意又无师自通的家常菜吧。

见招拆招，她几乎不思索，就直接走进厨房，看了一下冰箱里的材料，然后决定：“根据手边的材料，我炒一个酸豆角炒香肠吧。”

然后快手快脚切起了豆角。

新鲜的酸豆角是整根的，看起来黄澄澄很是诱人。

这是自己腌的酸豆角吗?

买的！我这个人很懒，买了一辈子菜，我知道在哪个菜场能买到好吃的半成品，而且只要看样子就会知道它好不好吃，所以能买到的我就不自己做了。

很坦诚，其实好的家庭主妇需要的就是这种整合的能力和选择的智慧，才能事半功倍，才能有更多时间和家人相处，这一点跟我的想法不谋而合。

再看她切菜的手势，不是一朝一夕急就章而成的，那是一种天天做菜的女子才能修炼出的熟稔，跟厨师那种职业的熟练不同，微微翘起的手指是属于妈妈的能干和爽利。

就这一个动作，就收服了我。

备好料，然后炒菜，因为主要用于大量食材的加工，厨房里只有一根巨大的锅铲，像食堂里用的那种，伟忠姐姐一边炒菜一边对着我们的镜头笑道："这一看就知道是假的，哪有人家用这么大的锅铲做饭？"

不过出锅以后的菜，很香，那味道不是假的，饭店里最喜欢吃的酸豆角肉末，在这里变身了，家里经常会有吃不完的香肠，用酸豆角烩一烩，酸香可口，配饭、下面、吃粥、加馒头，很百搭。

一道菜打开了话匣子，两个女人坐下来聊天。

"我妈妈 16 岁到台湾，做了一辈子的家庭主妇，小时候我就喜欢站在妈妈身后看，看她做菜，到我长大，自然而然就成了妈妈的帮手。后来特地去上新娘学校，就是学习家政，在我的概念里，女人就是一辈子在家里忙忙忙，可惜我所嫁非人，对方的理念跟我不一样，他认为女人应该和男人一样有自己的事业，认为女人应该挣很多的钱才行。"

好吧，后来只想做饭的女人却常常在电视上抛头露面，男人的心里不知是什么滋味。不过，女人的崛起倒不是为了复仇，只是觉得有趣而已。

"我这个人很懒，喜欢做菜是因为自己爱吃，但我又不喜欢把全部时间都围着厨房打转，所以我会想很多办法，让菜可以很简单地变得好吃。省下来的时间我就会出去找好吃的东西，我喜欢小吃，以前台北圆环那里有很多小摊子，味道都很棒，尤其是一家卤肉饭，那个肉焿太棒了。"

世事就那么凑巧，那天义务帮我们做司机的是龙凰号卤肉饭的少掌柜小沈老板，他的爸爸 13 岁就开始在圆环卖卤肉饭，拿出手机上的照片一看，竟是故人。

听说原来圆环里的卤肉饭没有因为圆环的衰落而熄灯，竟在重庆北路继续生存下来，伟忠姐

姐兴致勃勃地说，过一天一定去吃。

爱吃的人，有了自己的餐品品牌，是件让人开心的事情，可惜现在在内地的网店还买不到那些好吃的香辣酱、牛肉干、滴鸡精。

伟忠姐姐的酸豆角炒香肠

食材：酸豆角、香肠、辣椒、蒜头。
调料：盐、酱油、高汤。
做法：
起油锅，放入蒜头、辣椒爆香，倒入香肠煸炒，如果香肠是熟的，也可以和酸豆角一起入锅，翻炒之后加高汤提鲜，再滴几滴酱油提鲜，起锅即可。

据说她还有小秘诀秘而不宣，你试试看，再加什么会更好吃？

桃源街·老兵·眷村牛肉面

紅燒牛小排牛肉麵
生麵條外賣
請小心!!很燙!!
山東煙台
清燉紅燒·家常牛肉 麵
本店麵條是純手工
吃麵要吃它的"勁"
有勁又Q才是好麵條
本店麵條很好吃!
2樓雅座點餐
謝謝您!
貓耳朵牛肉麵
年糕牛肉麵
牛肉麵 加麵不加價 吃到飽為止

当台湾的街头到处都出现牛肉面的时候，人们认同了牛肉面似乎是台湾美食的代表，于是人们开始寻找牛肉面的出生地，是盛产牛肉的山东？还是爱吃面食的东北？可是遍寻不着。细细回忆，这一碗牛肉面的故乡竟是台湾的眷村。由老兵在桃源街开出的牛肉面店最初只是为了谋生，这一道带有眷村悲情背景的吃食却有着十分温暖的口感，似乎是专为了安慰异乡游子那颗微凉的心。如今牛肉面成了台湾美食的代表，也早就挣脱了桃源街的往事。桃源街的牛肉面店也只剩下了硕果仅存的一家。

太多关于眷村的文艺作品，让没有去过台湾的人对台湾的印象里充满了眷村画面，其实，眷村已经变成了一个没有围墙的文化氛围，渗透到了台湾人的生活里，眷村的子女大多离开了眷村，去世界各地生活，因此也让眷村的文化传播得更远。

细雨飞扬的下午，找到台北的一处眷村，低矮的房子，自由生长的藤和草，有点破败，因为几乎没有人在行走，显得更加荒芜。

这一天是阿义师开车，他带我们去一处牛肉面店，实打实在眷村里的，他说：“上个月我特地慕名开车来吃。”

“味道如何？”

“吃了一口我就想哭。”

呵呵，好吧，大厨的舌头是特异性的，到底是好吃得想哭还是难吃得让人流泪呢？还是要自己试试才知道，但肚皮有限，安排行程的大伟说他其实帮我们订的牛肉面行程是桃源街的牛肉面店，马上又要去吃，于是我们在这家还保持着原貌的牛肉面店外面看了看，决定还是离开。

幸好拍了照片，可以供大家欣赏。

最早的牛肉面摊差不多就是这样了，很简单的棚屋，大桶煮着牛肉，面条是手擀的，因为那时眷村会有美军配给的牛肉罐头和面粉，所以爱吃面条的老兵就做了手擀面配牛肉吃，又因为不太能接受美国罐头牛肉那种不甜不咸的味道，所以配上酸菜来提升食欲，食物的进化依赖的是身体的需要，味觉推动技术整合，所以各地不同的风物人情和气候环境，会带来风貌各异的食物。

眷村的风景一如我想象的样子，但因为人流的缺乏，故事变得充满了想象。如今，眷村也因为城市的变迁和改变，很多平房被拆掉建起新居，游客可能会说——那多可惜，可是住在旧屋里的人不会喜欢天一下雨就漏雨，雨水一多就淹屋，蛇虫鼠蚁又时时光顾的生活，能够搬进有着成套的卫生设备，干净整洁的现代化楼宇谁不心向往之呢？至于那种在山水环绕里有个自己的小小院落的梦，除非你是亿万富翁，或者是个极端理想主义的人，否则，在现代极为拥挤的地球上，偶尔花重金去那些昂贵的度假村找找这种感觉吧。

牛肉面也是如此，真的会有那种让你喝一口汤吃一口肉就被融化其中的味道吗？饿个两三天是一定可以的，但如果带着朝圣的心情去吃，自然会失望，毕竟它就是一碗牛肉面而已。

在经济匮乏的年代，人人都体会过饥寒交迫的感觉，在那种时候，一碗真材实料吃得到牛肉的面条，自然是困境里的恩物，如今我们吃牛排还会选择部位，肋眼、牛小排也不稀奇，指望从一碗牛肉面里得到如沐春风的感觉的人，如果你

没有属于牛肉面的回忆，只能是人云亦云地赞叹而已。

去台湾，吃不吃牛肉面，对于内地人来说，真的可以是一件可有可无的事情，台湾，好吃的东西太多，牛肉面，吃一碗尝尝味道就可以了。

如果只吃一家的话，台湾的居民们估计推荐出来的店铺会让你眼花缭乱，就像卤肉饭遍布大街小巷，每个人都有自己最推崇的卤肉饭一样，牛肉面也是如此。牛肉面的关键无非是牛肉选材要优良，卤制的时间要够，卤好之后要用传统的泡卤法将牛肉泡在原汤汁里 8 小时左右，才会入味，然后牛肉面的汤用的应该是卤牛肉的原汤，不放味精，再来就是酸菜，要干，要酸又不能过味，自然只能是自家腌制才会放心。在内地，要一家面店这么用心，估计很难，在台湾，有这种用心的小店很多，夫妻老婆店，勉力维持以便撑起一家人的生计，不认真就会断了生路，所以好吃的牛肉面店不会稀缺。

可是走马观花的旅程不能花太久在路程上，那不如就在参观完“总统府”之后还是去桃源街吃那一家吧。

招牌很大，不怕你找不到，关于营养问题的宣教在墙上十分醒目，小方桌，用白色铁条加固了，店里也就是不到 50 个座位，负责招呼的只有一个戴眼镜的女生，动作十分卡通，也很麻利，但想起上海古羊路上那家永远在排队的牛肉面馆，这家的生意就真的算清淡的啦。点一份牛肉面可以加汤加面让你吃到饱，楼下做葱抓饼的师傅很有掌柜相，整间店的人看得见的也就 4 个，都在埋头工作，不善言语。

面是好吃的，汤也不错，店子虽小但十分简洁，当得起墙上“第一品牌”的字样，也没有连锁，也几乎不接受采访，但一碗面，就能正本清源。

吃完面下楼，楼上已经没有新的客人上去，眼镜女生立刻到楼下洗碗了，身兼数职，的确辛苦，这么卖力，不知道是不是老板娘。

见我们长枪短炮地举起来，做葱抓饼的师傅也坐了下来，低下头，那副姿势写明了“不要采访我”，而且店里已经把我们需要的答案全部写在了墙上，有空你也自己去看吧。

一样东西好不好吃，自己去吃是最好的办法，相信别人的文字，难免会欺骗自己，在我的台湾美食探访行程中，我深深体会到这一点。你与食物的缘分，必须要你自己去结识，有些店，如果你不去吃，它就会消失，爱一种食物，最好的方式就是花时间去吃，让它得到生存的机会，吃得多了，能总结出经验，你的味觉会带领你找到你需要的那个属于你的角落。

从桃源街出来，外面的马路上人们正在搭建工事，据说是第二天打算示威游行，我不关心政治，我只是想知道，有人示威占了道路的时候，这些小店的生意会怎样，示威的人肚子饿了，就来吃碗面照顾个生意吧，别因为表达自己的意见，而挡了别人赖以谋生的财路才好啊。

眷村资料

谈到眷村，就不能不提从这里走出来的名人。政治人物中，宋楚瑜是最出名的一个。另据了解，璩美凤当时还和凤凰卫视知名主持人吴小莉住在同一个眷村，两人是同学。眷村出来的演艺界人士就更多了，除了李立群、刘德凯和胡慧中外，邓丽君、杨德昌、林青霞、任贤齐、焦恩俊和周渝民等都在眷村生活过。邓丽君父亲在军中工作，刚到台湾时随着部队到处迁移，后来搬到屏东眷村，邓丽君就是在那里度过童年时光的。任贤齐几年前还创作了一首《老张的歌》，献给父亲和台湾老兵们。

眷村的文化也提供了大量写作素材，白先勇的小说里经常出现眷村。此外，朱天心等台湾文人也纷纷发表作品，描写眷村人在“原乡”与“现实”之间的挣扎。

夜市·胡须张·千岁宴

大螃蟹
Crispy big crab
2隻150
深海魷魚
Fried squid
1隻100
鹹酥蝦
Fried salty prawns
1份150
日式炸蝦
Fried prawns
1份150
Karafuto-shishamo
1份100
鹽酥雞
Fried salty chicken
1份50
鳳梨蝦球
1份150

到台湾，不吃一次夜市，对台湾餐饮文化的了解会缺一只角，但台湾的夜市众多，个个都去的确浪费时间，台北的士林夜市和宁夏夜市算是可以推荐的。

士林夜市是台北颇具规模且相当知名的夜市之一，有超过500家店面和摊贩。虽然这些年评论总将士林夜市列为可去可不去的鸡肋景点，但第一次去台湾还是值得去看看。尤其是又大又长的士林大香肠现烤现吃味道还是很诱人的。士林夜市是综合夜市，不仅有美食，还有各种衣服日杂销售，走进去的感觉，仿佛穿越回了20世纪末的上海华亭路和襄阳路市场。

士林的大香肠的确很大，其他还有花枝羹、鱿鱼羹可以一吃。宁夏夜市白天是马路，晚上才变成夜市，收摊之后路面会回复整洁干净的样子，管理十分到位。夜市上的蚵仔煎有不下5个摊位，但其实都是一家人，味道差别不大，排队最长的那家，我觉得是因为师傅的动作太过麻利有表演性，怕排队的人可以去别家试试，味道差不多。

士林夜市和宁夏夜市完全是不一样风格的，士林夜市大而杂，细细淘，可以买到不少的小玩意，启云哥甚至还买了一双跑鞋。而在吃这一路上，我并没有找到什么很让我激动的东西，因为我并不是很爱香肠，又因为连日劳累有点上火，口腔里状况不佳，有点红肿的牙龈提醒我不要吃油炸的东西，这就少了很多的乐趣。所以逛士林夜市不一定要选在晚上，下午去的话，可以多吃几家。

地面市场上隔一阵子会有小车推出来卖些小吃，鸡蛋糕、青草茶什么的，也蛮不错的，路过的时候可以试试。

宁夏夜市，全是小吃摊，也有固定店面的，像环记麻油鸡一看就是从圆环搬出来的老店，现场汆烫的鸡肉，活色生香地爆炒一下，烟火味十足，值得一试，不过也需要排队。

蚵仔煎因为电视剧而在内地扬名，但在上海，真的没有遇到过好吃的蚵仔煎。宁夏夜市里，看师傅做蚵仔煎，一锅二三十个轮番出，切得比较粗鲁的大块菜叶让蚵仔煎变得饱满，看看就让人想吃，并且也要排队。

夜市，就是要排队，才有那种气氛，越是要排队的摊点越是招人喜欢，排在长龙一样的队伍后面，闻着食物的香气，心里痒痒地想吃，终于自己变成比较接近师傅的那个人了，回头看看，后面又是一条长龙，心里的那种满足感，还没吃到就已经很饱满了。

但一个晚上排下来，能吃到的东西很有限，所以人多的话不妨提前预定宁夏夜市很有特色的千岁宴。

为什么叫千岁宴呢？因为宁夏夜市历史悠久，很多摊档都已经传了三代有近60年的历史了，所以宁夏夜市的管理者将这些摊档集合起来，用台湾传统办桌的方式，将夜市的小吃变成宴席，每桌27道，而这27个摊档的年纪加起来正好过1000岁，是名副其实的千岁。

当然，因为近 60 年的摊档较多，所以这 27 道小吃每个月是不一样的，大家轮着来，但一次千岁宴吃下来，对宁夏夜市的美食基本有了了解。

千岁宴的现场，有一位老先生讲解宁夏夜市的历史故事，此人能说唱结合，亦庄亦谐，很有意思，每次他都会掏出一块木牌来供大家拍照，这块木牌是当初宁夏夜市开张的时候发给摊主的，类似营业执照，他带来的那块木牌上写的摊主姓张，我们拍了张照，应个景。

后来，龙凰号的沈老板告诉我们，这位讲解员老先生其实是胡须张家的，那块牌子就是胡须张在宁夏夜市起家的证明哦，我们这才肃然起敬。如今的胡须张到处拓店，颇有一种要用中式快餐来对抗汉堡和炸鸡的意思，不过店开多了，网上的风评也就褒贬不一，见仁见智了。

我在台湾吃了近 50 顿几乎不重复，因为吃过了龙凰号的卤肉饭，就不打算再把时间浪费在吃卤肉饭上面了，所以并没有特别去吃。留给读者自己去品尝吧，宁夏夜市头上就有一家，吃过了记得告诉我到底好不好吃。

至于千岁宴，也许是肚子不饿，也许是因为不用排队反而失去了那种现场感，小吃都很好吃，尤其是鸡肉饭印象深刻，但吃完以后总觉得少点什么。

想要提醒大家的是，看完这本书，你会发现台湾可吃的东西很多，有些人到了台湾就天天卤肉饭牛肉面，真的很浪费生命啊。

住在高雄的时候，楼下是一家清粥小菜，味道十分好，台湾土生土长的大厨们吃完，说有“阿嬷的味道”；还有一次在路边，遇到一家豆浆店，卖早餐和夜宵，蛋饼以及三明治也很好吃。所以，多张开眼睛去看看，寻找你自己的缘分吧。

人云亦云的，会错过很多。

高雄清粥小菜

嘉义郑氏豆浆店

宁夏夜市资料

宁夏夜市是台北少数将摊贩集中在道路中间的夜市，位于台北民生西路至南京西路段，长约400米，汇聚许多传统台湾小吃。宁夏夜市饮食以台湾传统特色小吃为主，包括蚵仔煎、蚵仔面线、台南碗粿、猪肝汤、郭鱼汤、卤肉饭等等。此外，也有山东赤肉蒸饺、上海生煎包、蒙古烤肉等内地美味。

早期台北，圆环夜市美食首屈一指，宁夏夜市因邻近圆环而兴起；圆环没落后，不少摊商转至宁夏夜市贩卖，以地道的传统美食闻名，料多、味美而且价格实在，吸引不少老饕、游客前来大快朵颐。

猫空·阿义师·百香果过猫

猫空原本是茶区东侧的小溪谷，因地质松软，河床在长年冲击下被卵石钻蚀坑坑洼洞，水流则似猫爪痕迹，“猫空（孔）”之名就传开来。打开知名度后竟成为木栅观光茶园的代名词。环山公路上的休闲茶坊，至少有五六十家，不管在露天茶座或庭园景观，与知己或家人啜饮浓郁的香茶和田野山风的轻拂，彷佛已到飘飘然羽化成仙的境界。

阿义师的大茶壶餐厅，用花和茶的元素来烹调，却保有食物天然的状态，有着桀骜不驯的料理风格，但菜的味道却出奇地好。

第一次见到阿义师，是在“一茶一坐”年轮蛋糕的研发现场，我去找启云哥，师傅们都在忙，因为他的发型奇突，我故意不朝他那里看，生活中我特别害怕那种造型古怪的陌生人，总觉得这种人气场强大难以接近。

当时阿义师正在用糖拉花，好几个年轻漂亮的办公室美眉端着茶杯站在那里，也不知道是在享受办公室免费美味下午茶的福利，还是看什么风景。

呵呵，写爱情小说的人难免八卦，看出去都是戏。

这一次的台湾之行，却多亏他。

9 天的行程，跨越宝岛，由北至南，全程都

是阿义师和沈老板义务担任司机，每晚睡眠时间不足 5 小时，每天奔跑的旅程都要好几百里，传说中的千里马也不过这种体力吧。

后来，沈老板带着自己店里的员工去花莲休假，就剩下阿义师独撑大局，让人感动。

为什么写这个？

一个好的厨师，一定要有超人的体力。

一个好的经营者，一定要有超强的个人魅力。

有了这两点，才会有好的开始。

阿义师的店，开在猫空风景最好的地方，猫缆出来就能看见，走大约 10 分钟就能到达。

走到店门口，看见很大一条店招。

猫空网络上评价最高的茶餐厅，阿义师的大茶壶，就在一楼。

很好奇，那二楼是什么？

启云哥悄悄说——二楼是他叔叔的茶楼。

有意思，叔侄二人斗法，很有年代剧的感觉。

难怪台湾的电视剧总有这些桥段，生活中也是无处不在。

占尽天时地利人和的店，大茶壶算是一家。

山不高，离市区又不远，风景独好，却有一条猫缆将观光休憩的人流源源不断地送上来。

土生土长的优势让他了解山里的一草一木，运用起来更加得心应手。

猫空山上有大量的野菜和桂竹笋，大茶壶餐厅使用的野菜每天由阿义师妈妈到山上采来，而

特别提示：楼下那家才是真正的大茶壶，不要走错哦！

竹笋则由婶婆采来卖给他。这两样原材料给店里的菜单带来十足的个性。尤其是一道百香果过猫，让我十分惊喜。

过猫是猫空山里特产的蕨类植物，典型的君子菜，没有什么个性，但口感柔和。将过猫汆烫之后，用新鲜切开的百香果，取里面的百香果浆作为蘸料，吃起来有一种极其精致和优雅的口感。吹着山风，满眼青绿的山景，最合适吃这种完全没有人工痕迹的食物，享受一种天人合一的和谐。

在山中，取茶和花的精华，料理活海鲜，听起来就有一种奢侈放纵的感觉。《基督山伯爵》里有一段，为了暗暗炫富获取仇人的信任，给自己带来老贵族的光环，化身为基督山伯爵的爱德蒙请银行家和法官举家飨宴，席间吃到的鱼是从遥远海边用木桶装来，千辛万苦送到庄园里来的，这种耗费人力才能得到的食材，正是为了细节不遗余力的贵族世家的做法，一顿饭，就让客人肃然起敬如沐春风。

如今，在猫空山里阿义师的餐桌上，我吃到用玫瑰花烹调的泰国虾，竟也有这种被待若上宾的感觉。一般山里的餐厅，都是山菜和野味，因为容易取得，也因为很容易想得到。将山下海边的新鲜食材带到山上来，对客人的诚意则更进一阶。

不过我最喜欢的，还是茉莉花茶炒饭和十分朴素的茶油拌面，茶的香气和精华很好地融合在里面，清雅、舒适，没有负担，饭毕，再喝一碗铁观音养生鸡汤，不吃鸡肉，纯吃里面的菌菇，看着夕阳渐渐落下，山岚氤氲渐生，一种久违的审美体会悠然于胸，这才是人过的日子啊。

如果有一天我可以开一家餐厅的话，我会愿意做大茶壶的老板呐。我的心里一个不成熟的声音这样冒了一冒。

很快，在拜访了大茶壶的后厨之后，我觉得做餐厅老板还不如做餐厅的客人。

实在太辛苦。

前厅坐满了客人，后厨自然就忙得不可开交，阿义师的妈妈掌管着食材的质量，并负责客诉，调节客人的情绪全靠她。阿义师的妹妹是外场的总负责，上菜催菜清洁不容有失。而阿义师的太太则在账台收钱，夏天的时候阿义师的儿子也有自己的地盘，那就是看管冰柜。冰柜里是阿义师独创的茶冰棒，免费送给店里的客人品尝，有些不是店里的客人也会来拿了吃，所以就由小家伙负责了望看管，不过人小力单，店里还给小哨兵配了对讲机，可以随时请求外援。

真的是有趣的一家人，充满了活力和拼搏的动力。

阿义师是个幸运儿，我这样想着，却在进一步了解之后明白，这世上也许是有幸运儿的，但这一个却不是。

阿义师的妈妈，29 岁就守寡了，带着两个儿子一个女儿辛苦生活。为了生计，只能把孩子送去嘉义的道场生活，对于没有这种生活体验的内地人来说，我要解释一下，这个道场更像一个大杂院，里面挤满了台湾各地来求道的人。

那时候阿义师的人生有着各种可能，直到他选择公立职校学做厨师，求学同时他就已经在一些餐厅兼职，高二的时候他已经是一家海鲜料理店的主厨。有一个阶段流行吃鲔鱼的眼睛，刚开始他不会料理，做出来的很腥，他就试着用生姜和水将鱼眼烫过一遍，然后再来烫火锅吃，鱼眼不腥了，而且烫火锅吃很好地保留了鱼眼滑嫩的口感，获得客人的赞誉，老板也敢于放手让他去试，他说曾经煮过一只排球那么大的鱼眼睛，很是过瘾。

先天的悟性让他变得更加不羁，在料理上的手法也越来越潇洒，服完兵役之后的那年应该算是他的人生挫折年，但也是得意年。那一年他结了婚，因为老婆在桃园工作，所以他也辞了台北的工作到桃园去了。很快他就在一家餐厅得到工

作机会，没想到的是，因为和主厨的理念不同，两天以后他就被炒鱿鱼了。

年轻人遇到了挫折，首先想到的就是放弃，好吧，也许我不合适在餐饮界，那就转行吧。没多久，阿义师就找到一个送货的工作，也得到老板的赏识，开车在路上行走的感觉让他快意，似乎这也是一个不错的工作呢。

可是，有人却觉得这样是浪费人才，在送了4个月的货之后，朱瑞栋师傅找到他，邀请他到自己的店里工作，这一段差不多5年的经历以及那几年在朱师傅的炉灶边得到的经验让阿义师获益匪浅，并重建了他的职业梦想。

26岁，他成为港式海鲜料理餐厅的主厨。

28岁那年，爷爷召他回去经营家里的餐厅。

那又是一次从云端回到地面的跌落。

生意极其惨淡，第一年亏了100多万元人民币，员工的工资靠刷信用卡周转，每天睁开眼睛的烦恼都是一样的，那就是哪里去找钱来发工资。

离开很容易，回到台北找一个餐厅里的工作，马上就可以摆脱这种窘境，但这就意味着认输。

有一天，阿义师意识到发愁解决不了问题，只能改变餐厅的菜式同时不断进行推广，用更积极的方式去摆脱困境。

花与茶的料理方案渐渐成型，自己擅长的海鲜料理成为他的信心，不停研发新的菜，又通过各种方式进行宣传，总算有了名气。更没想到的是，因为在网络上的知名度，探索频道专门前来探访，一切开始向更好的方向前进了。

我们去猫空的那天，是雨天的下午，店里满座，阿义师却很不满意地说："今天没有排队，生意不算好。"真是个贪心的人，但这种贪心应该是源于他的自信和努力吧。

在台湾，我们看见很多这样生机勃勃充满个人魅力的餐厅，我相信在他们笑脸迎人兴致勃勃的身影后面，都有着艰辛蹉跎的奋斗故事，今天得到不易，自然会珍惜明天。

小贴士 TIPS

猫空间咖啡馆露天的位置风景特别好，这间店是猫空咖啡馆的元老，夏天黄昏,店里还准备了驱蚊油供客人使用，十分贴心。

大茶壶推荐菜 波斯薰香仔排

食 材： 猪腩排、波斯菊、薰衣草。
调 料： 酱油、盐、色拉油、生粉、糖、胡椒粉、辣椒粉、咖喱粉、辣椒末。

做 法：

1. 猪腩排切块，放入盐、酱油、糖、胡椒粉腌制半小时。
2. 腌好的猪腩排裹上生粉炸制，至金黄捞起沥油。
3. 将炸好的猪腩排下油锅与波斯菊、薰衣草、辣椒粉、咖喱粉、辣椒末等一起拌炒，装盘。

苗栗·老李·深坑·大树下·臭豆腐

台湾当地人爱吃臭豆腐，这一点和绍兴人很像，是不是浙江老兵带去的口味呢？不过这臭豆腐到了台湾，吃法不一样，台湾当地人也是炸着吃，可是吃的时候一定会配泡菜，油炸的臭豆腐带来干香的口感，然后用酸爽的泡菜中和一下，取中庸之道。不过，我喜欢纯吃臭豆腐，蘸点自制的红辣椒酱就好，见仁见智。用青草腌制臭豆腐，炸出来的臭豆腐有一种清新的口感；用工研乌醋和高山大白菜泡出来的泡菜，口感十分清爽，这样有着文艺范的臭豆腐每天只有 600 块，卖完就结束，也没有固定摊位，就在长安街加油站的对面，全部家当就是一部三轮摩托车，已经父传子做了 30 年！

苗栗长安街加油站的对面，有一个没有名字的臭豆腐摊，却十分有名，很多网络游记介绍到它，称之为无名臭豆腐。做臭豆腐的大哥姓李，也是个二代。

李爸爸以前在铁路上卖便当，后来铁路便当不允许在站台上卖了，爸爸为了养活一家人就拿出祖传手艺开始在路边卖臭豆腐。他家的臭豆腐是自己用青草发酵的，闻起来虽然臭却不是让人接受不了的恶臭。

近距离观察那些还没有炸过的臭豆腐，看起来真的是雪白的，没寻常臭豆腐那么可疑的灰白斑纹，经过热油炸制之后，闻起来奇香无比，再配上用白醋泡制的高山大白菜，吃起来真的是冰火两重天。

这摊臭豆腐由一辆摩托车和一辆三轮车改造，在父亲时代就是这样，每天做600块左右，最初是25元三块，现在是50元三块，原先是爸爸卖，现在是儿子卖，但卖完600块就收摊的规矩父子俩是一样的，臭豆腐卖完，就骑上摩托车绝尘而去，是不是有点高手的感觉？

说起来也奇怪，臭豆腐这种看起来粗鲁的街头小吃，吸引得最多的却是女生。我们在摊边采访的时候，老李哥一直在手脚不停地忙，饶是这样，摊边还是排起了队。一位看起来长得很像林志玲的美女吸引了我们的注意，这看起来很偏僻的地方，居然还有这样的明娟，据说是常客，隔几天下午就会来报到，不过李师傅忙着炸臭豆腐，竟是连抬头的时间也没有呢。

臭豆腐摊边挂着一叠纸牌，看起来有点年月了，翻看一下，竟是不同时间阶段的价格标牌，老李是个有心人，涨一次价，就把原来的牌子留下来作为纪念，后来的人也可以从这些资料里读到以前的风情。

说到高手，深坑也有一个，整个深坑老街全是卖臭豆腐的，以大树下的臭豆腐三吃最为有名，但其实整条街的臭豆腐都是一家的，只是烹调方法不同，每天都会有人统一送货，然后会有人骑着摩托车来送货票，一家家的货票都是由骑手飞投进店家，然后按期结算，十分有默契。

据说，深坑的水好，特别合适酿制臭豆腐，所以，到台湾要吃臭豆腐，一般都会推荐深坑。

遇到“大树下”，十分偶然，它在路口，又有三口大锅一直在熬煮，探头看去，有一锅我最喜欢的竹笋，便坐了下来。其实这间店主打的是臭豆腐三吃，和我的目的不偏不倚地重合了。

点菜很容易，桂竹笋一份，豆腐三吃各来一份，分别是豆腐羹、鸭血豆腐和油炸千里香，吃着吃着看见墙上的油画画着农人洗葱的画面，一回头窗外下起大雨，天留人于是又要一盘朱葱清炒来吃。

首先要称赞的是桂竹笋，小时候家里人说我是属熊猫的，只要看见竹笋就没命一样猛吃起来，幸好我生在安徽，野笋、春笋、竹笋、冬笋、笋衣、笋干一年四季吃不完。以前在一茶一坐吃过一款原鸡汁笋丝煲，用的是一种台湾的水笋，腌制过，可能还发酵了，有一种奇怪的臭味，这个味道却很得台湾当地人的喜欢，说是最正宗的古早味。后来那款菜下档了，“一茶一坐”跟笋有关的菜也几乎没有了。我一直觉得奇怪，以高汤提鲜的餐厅不应该少了笋啊，越浓郁的荤汤越应该放一点笋进去，所谓相得益彰形容的就是高汤里煨了竹笋的那种清雅香气吧。

所以，我的心里一直有个疑惑，多山的台湾会不会没有好笋？不然的话，以卖台菜著称的“一茶一坐”为什么没有笋的菜系呢？

到了台湾，这个疑问得到解答，台湾当地人不仅有笋，而且很爱吃笋，对笋的吃法更是很有研究。端午节前后十天，是台湾的笋全面上市的时间，所以台湾的端午味道，除了粽子之外，笋也是主流，我真的跟笋有缘，恰在端午前后去了几天，吃足了鲜笋。

新鲜的竹笋氽烫之后浇点色拉酱吃，鲜甜可口，是在淡水夜晚一家很小的米粉店里吃到的。

竹笋和酸菜一起切碎，用米粉包起来，就是美味的菜粿，是在九份吃到的。

酸菜和桂竹笋煨成一锅，十分入味，是在深坑大树下吃到的，最得我心。

笋子十分肥壮，口感鲜嫩，放在高汤里一直煨煮着，肉汁的鲜味让竹笋变得更加饱满，再加上一点酸菜提鲜，不管是过茶吃还是下饭菜，都是好料。

扯远了，这一章是说臭豆腐。

大树下的豆腐三吃也是没话讲，尤其是一锅麻辣鸭血豆腐。臭豆腐是原块的，没有切，鸭血

也切成和臭豆腐一样大小，放在麻辣高汤里煮很久，起孔了，十分入味，那种又滑又韧的口感，有种欲拒还迎的性感呢。麻和辣都有一点，可是绝不轻浮，不是一入口就呛得你说不出话来的那种，而是在唇齿间慢慢漾开，又随着鸭血的渐渐下滑而温暖了胃肠的那种内敛。

炸千里香也看得出功力，一般的臭豆腐会炸得很黄，吃到嘴里边角已经有点焦硬了，口感会差一点，但如果炸得不够火候，香气又会欠缺。可这家的臭豆腐炸得恰到好处，没那么焦黄，但里面已经有点起泡，是油温够足才有这样的效果，炸臭豆腐的师傅很有功力呢。

至于豆腐羹，相比以上两款，比较一般，客观点讲，我家门口十里洋小笼包店的酸辣豆腐羹比它的够味。

再说朱葱，我原以为是珠葱，因为看起来很漂亮，根部有小小圆圆鼓起的部分，有点珍珠的意思，但细问似乎应该是朱葱，因为它的茎就是鼎鼎大名的红葱头，台味里最重要的调味菜之一。

到台湾，是春夏之交的时候，别错过朱葱哦，清炒来吃，有点韭菜香，口感滑爽又像空心菜，但跟它们又不一样，就是独一无二的朱葱味道，清甜诱人，几筷子下去一盘就见底了，很不理智地想再来一盘，可后面还有三顿，只能悻悻然离开了。

天母·卢氏兄弟·洋葱牛排

SINCE 1991
Mr. Onion
牛排餐廳
敦化SOGO店
謝師饗宴
5/20-6/30
至Mr.Onion用餐人數
15位(含)以上，即
贈『BBQ燒烤牛排』
全餐一客，30位即贈
兩客，以此類推。

1991年，在台湾天母一条不起眼的小巷里，一家只有10个人的小店默默开业，不久，口味纯正的牛排便吸引了大量的人流，一到餐期，巷内就排起长队，一个月内，有5万人到店，这条默默无闻的小巷也因此被叫做“洋葱巷”，而洋葱先生这家餐厅也因此有了“长龙巷餐厅”的美名。

20多年过去，来自台湾天母的洋葱先生牛排餐厅开遍台湾，家庭式的氛围，始终如一的质量，使它成为众多明星爱去的名店，更是台湾当地人心目中首选的牛排餐厅。

初识洋葱，其实是在上海。开在久光后面愚园路上，一家安静的小店面，格子台布，木制家具，有种欧美乡村小店的家庭感，但因为名字叫做“洋葱意厨”，让我以为是另一家茶餐厅开的副品牌。机缘凑巧，在朋友的介绍下去试菜，才了解到原来此洋葱非彼洋葱，大相径庭。

洋葱先生的牛肉部位十分标准，标明是什么部分的，一定是真实地给到你那个部位的肉。如今市场上牛肉的水很深，有的用平价的部位冒充昂贵的肋眼，也有的干脆就用组合肉来获取低价讨好客人，然后用重口味的烹调方法让你获得一时间的刺激，但实际上你花了吃牛排的价钱吃到的却不一定是你认为的那一块肉。就这一点货真价实，就让我对这家店产生足够的好感。

上海的洋葱先生餐厅，2014年6月由愚园路搬去了新世界九楼，重新出发。而在台湾，洋葱

先生餐厅也基本上是商场店，开在时新的商场里面，有着很强大的市场占有率，走进去，人声鼎沸，是欢聚的好地方。

虽然他们家的炖饭、意面都很好吃，但他们实在是一家牛排餐厅，二十几年开下来，带动了台湾牛排餐厅的兴起。

大陆人吃牛肉，还在初级阶段，吃客比较喜欢从产地上下工夫，只要顶着进口牛肉的名牌，多贵多不好吃都没关系，只要是外国牛。

其实，牛肉不一定看国家，关键要看牛是否健康，育肥期是否标准，这一切当它还是一块生牛肉的时候，是看得出来的。洋葱先生餐厅因为长期销售牛排，所以拥有可靠的供应商，每一块牛肉都会经过认真的质检，从原材料上保证肉的口感，这是一间好的牛排餐厅的基础。

而在餐品的烹调上，尽可能用天然的食材以做减法的方式来进行烹饪，因为好的牛排其实是不需要调味品的过多美化的。

在台北的洋葱先生，我点了一客菲力，按照我的习惯要了七分熟，上来的似乎只有五分熟，我在犹豫要不要再去加热一下，一旁的卢总轻声提示我切开来看一下，举刀切去，手感十分轻盈，肉是让人喜欢的淡红色，入口十分滑嫩顺口，嚼一嚼就很舒服地咽了下去，正是我喜欢的口感。

卢总笑着指点迷津，牛肉放在烤热的盘子上，本身的油脂会让牛肉产生自熟的过程，所以看起来是五分熟的，等到吃进嘴里基本上接近七分熟，正是菲力最好的分寸。

其实跟卢总见面也就两次，因为他说话声音比较轻，又有点台湾口音，让我总觉得是个内向的有点捉摸不定的人，不太好接近。但就这一个细节，让我发现他对牛排的经验是十分丰富的，懂得牛肉的人才能提供给客人好的牛排，同时为牛排搭配合适的饮料和餐点，让就餐的体验不留缺憾。

这一点在洋葱先生我深有体会。

之前切下牛肉的手感我一直隐隐觉得讶异，因为长期用鼠标，我的手不是很灵敏，所以一直很怕用刀叉，尤其是切那些死活切不下来的牛排。但今天的这一块菲力我十分轻松地切了下来，细看手上的刀，细密的锯齿，锋利但不锐利，手感很轻，难怪餐厅里女客特别多，大概也是体会到了这家店切牛排工具的顺手，能让手无缚鸡之力的淑女们也能优雅地切下牛肉吧。

至于餐后的甜点，更让人惊讶，倒不是甜点的口感好吃到让人咋舌，而是甜点的口味与餐盘的美十分和谐，尤其是画在餐盘上的手绘花草，是用奶油和巧克力酱画上的，盘中盛开的甜美立体花朵，让人心旷神怡，立刻有一种被宠爱的感觉，看起来内向的卢总说不定是个很闷骚的男人？我的爱情小说职业病忍不住又发作了。呵呵呵。

还有一个小细节一定要提，内地的很多牛排餐厅油烟气十足，让吃牛排这样一件本应该有点气氛的事情变得太过油腻。但台湾的洋葱先生空气却很清新，一定是有秘诀。卢总介绍说，这是因为新建的商场都会有新风管道，油烟的处理很先进，所以台湾的洋葱先生都喜欢开在商场里面，就是因为可以借用商场先进的空气循环设备，让客人不再受油烟之苦。

的确贴心。

而且听说原先洋葱先生开进商场是因为可以借助商场的人流拉高销售，如今商场在电商的冲击下式微，倒有更多的商场邀请洋葱先生入驻，以便吸引客流。

不过，这家餐厅也实在是太热闹了，人潮川流不息，在那样热闹的气氛下，忍不住大口吃肉，这一天的能量摄取又超标了！

杨梅·黄家·45℃的猪脚饭

每个人都会眷恋自己家乡的味道，启云哥踏上杨梅，就变得活跃起来，每一个角落都有他觉得味道全台湾第一的小吃，“我觉得是台湾最好的咸酥鸡”、“这家的粉圆超好吃”、“这个一口酥我每次回来必买”。

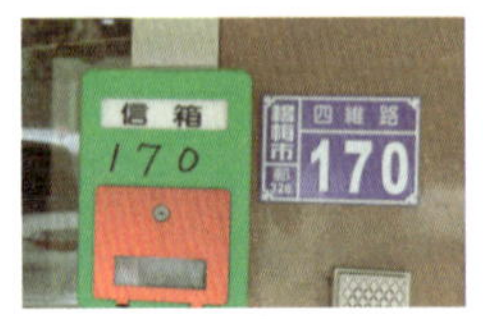

车子经过一条交叉道，启云哥忽然宣布：“从这里开始，你们的行程就交给我了。”原来是苗栗到了。

也幸好是到了苗栗，我们的摄影师一直有点早搏，下午在阿义师的大茶壶餐厅贪嘴，吃了茶餐，又泡了一大瓶冷泡茶来喝，经过猫空间的时候还要求喝了奶茶，不知怎么的到了杨梅，他忽然就浑身发麻，似乎要晕过去的样子。

这让我十分紧张，他可不能挂了，回去我怎么跟他老婆交待？他的儿子还不到3岁！总之，人在旅途，胆子特别小，这个意外地插曲来得太快。

我去药房给他买氧气包，等我回到车上，启云哥已经换到了驾驶座，然后一路飞车赶去药剂师介绍的医院。

现在回想那一幕，还是会让人热血沸腾。一位有着法国蓝带美食勋章的顶级大厨，穿着金兰酱油送的黑T恤，胳膊上是年少轻狂时候的刺青，足踏在九份买的木屐，忽然就在夜的街上飞起车来，有没有一点黑帮电影的感觉？

不过他开的却是“救护车”。

也许是启云哥的气场给了大家信心，救援工作还算顺利。

车到医院，我拿了轮椅，男人们把摄影师架上去，送进了急诊室。

台湾的医院很不错，只要登记一下证件，不需要预交款，而且在你登记的同时已经开始检查病人的情况，十分及时。

后来的结局也很乌龙，他并不是心脏病发，而是脱水，而且因为呼吸急促造成的胸闷，也不需要吸氧，而是应该用袋子套住口鼻，限制呼吸。医生一边救治病人，一边还给我们进行了医疗常识的普及，更让我们觉得台湾的医疗人员让人感动。

这样一折腾，已经是深夜，本以为要在医院过夜的我们被提前“释放”，经此一役，我们的刘摄影师在后半段行程每天都会买 1.5 升装的矿泉水带着补水。

这是插曲。

但也幸好是在启云哥的老家发生这样的意外，才能让我们迅速地化险为夷，说来惭愧，因为带着我们，启云哥路过自己妈妈家，也只能匆匆在楼下站了几分钟就离开了，第二天的端午节，漂亮的黄妈妈还特地为我们包了粽子，又在炉子上熬了鸡汤，但因为行程太慢，我们带走了粽子，连喝碗汤的时间都没有，黄妈妈，真的很不好意思呢。

急着离开是因为要去采访启云哥嘴里“可能是台湾最好吃的咸酥鸡”。

那是一个临时的排档，在菜场边上，小车子推出来做生意，只有晚上有，白天是吃不到的。这家咸酥鸡应该是夫妻老婆店，两个人都长得不很高大，戴着眼镜，看起来像工读生，实际上是儿子从爸爸手里接下来的生意，爸爸卖了十几年，儿子接手也快十年了。

开档的时候，你没办法采访老板，因为老板太忙了。

新鲜的鸡肉裹好了粉，要一份一份下锅去炸，为了保证鸡肉不生但却很嫩，这个火候的掌握很重要。小老板看得出是个认真的人，每一锅鸡肉都会夹出一小块来用刀切开来看一下，炸得差不多了，要起锅前真的差不多一秒钟的时候扔一把九层塔进去，然后迅速起锅，加上自家特制的调味粉翻一翻，香酥的咸酥鸡就完成了，我们买了两份尝了一下，真的很好吃，怎么形容呢？增之一分则老，减之一分则生，火候，十分关键。

据说老老板炸的时候是不用检视的，全凭经验起锅，金黄酥嫩，十分可口，炸咸酥鸡，也要悟性呢。

天还不是很热，但炸锅边已是酷暑，生意又一直源源不断进来，这营生真的不容易。

没想到，还有更辛苦的美食。

因为看了《总铺师》，所以我很想了解一下台湾的便当店，启云哥将我们带去一家其貌不扬的猪脚饭便当店。

开在小区一条街上，应该是新开店，看不出什么端倪。

我们去的时候，老板藏在厨房半天不出来，说猪脚正在起锅，没空。启云哥略带歉意地笑笑，然后就进了厨房，再细问，这间店居然是他的亲弟弟开的，哥哥海阔天空，弟弟独擅一门，妈妈60多岁了还每天骑着自行车去开理发店，真是颇有台湾精神的一家人。

猪脚出锅了，十分壮观，应该要有几十个，负责切配的是老板娘，麻利地将猪脚摆好，然后整理猪脚汁水里卤着的蛋和豆干之类的卤味。

黄弟弟又不见了，过一下，又出来，端出一桶现煮好的味噌汤，上面是青青白白的葱花，汤汁奶白，看起来很诱人。

店不大，生意却很忙，原来台湾当地人吃便当有跟内地人不一样的习惯。一般到了饭点，会派一个人骑了摩托车出来买，纸盒装好饭菜，塑料袋装汤，打包后以后再骑车回去。我又一次想说，我们家楼下要有个这样的便当店该有多好。

启云哥是名厨，名厨弟弟是不是也有一样的悟性呢？先试试看他的泡菜吧。

“唔……”大家都发出这样的赞叹声。

泡菜真的吃了不下百种，但这一碟看起来和别家没什么差异的泡菜，却让我赞叹。爽脆，回味甘甜，入口又够味，搭配猪脚，真是提神醒脑打开食欲的关键。

于是趁着大家大吃特吃的时候，我到厨房去一探究竟。

黄弟弟正在厨房里忙碌，锅里煮着猪脚，炉子上在烧蔬菜，一个餐期几百份便当，都由他一个人在厨房完成。

黄家的猪脚好吃，秘诀在煮猪脚的是老汤，每天加水进去，反复卤煮，然后又取出一些去给人拌饭、卤蛋，就这样不断新陈代谢，形成自家特有的风味。

还有一个秘诀是，选取猪脚的时候，一定会挑差不多大小和分量的，这样煮出来每一个猪脚的咸淡和老嫩程度都差不多，口感也就稳定了。

还没到夏天，厨房里已经很热，火头全开的情况下，厨房里的温度一般要45℃，到了年夜饭之前的阶段，家家都来订猪脚，更是忙到脚软。

已经是这么高强度的工作，每晚黄弟弟还会亲自动手用钳子拔除猪脚上的猪毛，以便获得更顺滑的口感。

小小一家便当店，也做到如此极致，难怪客似云来。

自己包揽厨房里的一切，老婆在外面切配，女儿负责外场和收银，看起来不大的小店每天要卖掉几百斤的猪脚，这一路上遇到太多这样感人的小店，守着自己的特色，守着一份互相温暖的幸福。

客家人的自强不息——客家妈妈菜的精髓

台湾做客家菜的馆子很多，生意也都很好，看得出客家文化对台湾菜的影响。海记小馆的海哥是典型的客家人，事事亲力亲为，每天创意不断。松叶园的那对姐妹花老板看起来很能干，却很低调，都有客家人的深深烙印。

去海哥的店，是启云哥推荐的，一走过去看见海记小馆的外观，让我想到以前国道省道边上很多那种农家菜的纯朴饭店，木板结构，装修风格比较乡土，老板会把自己或大厨师的照片大大地贴在入口处。

走进海记小馆的时候，果然看见当年海哥获奖时领奖的照片，的确是个纯朴而外向的人呢。

自动门打开，海哥坐着轮椅出来，心下暗忖："怎么是个残疾人？轮椅上的大厨？"海哥仿佛猜到我们心中所想，大笑着说："你们看，我的脚摔坏了！"原来是自己爬梯子整修店堂，摔了下来，造成了意外。

话匣子就从伤脚展开，看起来很整洁热闹的店原来是海哥自己装修的，立式空调上有大大的海绵宝宝，居然也是他自己画上去的，海绵宝宝的眼睛画得很圆，是用盘子描上去的哦。

事事亲力亲为不认输，我印象中的客家人，应该有这样的特质。

造访台湾餐厅，老板们都会说故事，而且真的人人有故事。

当年海哥是电梯质检员，每天按部就班检查电梯的安全，有一天他厌倦了这种拘谨的生活，辞掉工作去夜市摆摊。

没什么手艺，傍身的是妈妈在家炒菜的那点经验。快炒摊积累了第一桶金，海哥开了啤酒屋，炒的还是那几味，尤其是九层塔炒螺片是他的拿手好菜，但是客人却不买账，生意每况愈下。海哥不服输，自己动手将啤酒屋改造成小馆，为了让自己的小馆有特色，他特地去莺歌定了五只超特大的瓷盘，又去订做放得下瓷盘的冰箱，自己学着做生鱼片拼盘，这个大盘让他们海记小馆有了招牌菜，就这么摸着石头过河，不断创意新的菜肴，走出了自己的路。

前几年儿子上学成绩不好，这要是在内地，一定愁死家长，海哥倒也宽容，就叫儿子来店里帮忙，开始儿子受不了辛苦，又觉得无趣，但在妈妈爸爸身体力行之下，渐渐了解到开餐馆的辛苦和成就感，如今也成了店里的主厨。

海哥的客家菜是的的确确妈妈传下来的味道，比较随性，他更是喜欢创意的人，总喜欢搞点新意。传统的客家小炒，海哥喜欢加点韭菜；自己腌制的客家咸猪肉被他切成肉条放了青蒜炒一炒，更加入味了。

看起来是标准的客家菜，却在每一道菜里加进自己的小创意，就像妈妈在家里炒的菜，因地制宜，随机应变，这也是客家人努力生存的精髓所在啊。

在海记小馆我还第一次吃到了槟榔花，味道上没什么特别，有点像茭白丝，据说处理起来是要比较谨慎的，不然会很涩。

也不知道是不是吃了槟榔花的缘故，我们的摄影师小刘原本有过早搏的现象，那天在吃了槟榔花和阿义师的茶餐后，产生了呼吸急促浑身发麻的现象，让我们体验了在台湾看急诊的惊险历程，后来医生判断是脱水，也许跟槟榔花没关系?

台湾路边还有很多的槟榔店，偶尔会有槟榔西施，不过大多数好像只是一般般的批发店而已，喜欢看风景的可以准备 200 元台币尝尝新鲜，但心脏不好的人真的不要吃为好，第一次吃的人最

好把第一口汁液吐掉，不好意思，又扯远了。

再回来说说我们吃到的菜吧，有一道糖醋排骨是海哥妈妈的拿手菜，以前家里有喜事就会专门做来庆祝。海哥店里的菜单是没有这道菜的，那天我们恳求海哥再现了一次，有图有真相，吃起来偏甜，制作过程很有年节气氛，不妨学了回家聚餐的时候露一手。

因为我们之前吃过的摸油汤也是客家菜，大家不要以为客家小馆都是这样走淳朴风的哦。

我们还在启云哥的介绍下造访了深山里的一间名店，名叫松叶园。

去松叶园已经是晚上8点多了，山路进去，黑漆麻乌的，路不熟估计会找不到，指路的明灯是松叶园的停车场指示灯，在暗夜里很亮。

一回头看见松叶园，有点恍惚，因为太新太精致了，以为回到上海了。

上海、杭州近些年餐厅越来越精致，台湾的餐厅大多环境比较旧了，但从厕所的干净程度来看，却还是台湾维护得比较好，不好意思，又跑题。

走进松叶园，会以为是一家高大上的私房菜馆，应该是新装修过，很简洁的风格，环境如此，但他们售卖的却是正宗客家菜。松叶园所在的龙潭是客家人的聚集地，经营松叶园的是一对客家姐妹花。遥遥看去，都是文静清秀的样子，又让我生出很多联想，但据说我的那些联想都是不成立的，她们只是土生土长于斯，用自家的地开起了餐厅，一不小心就发财了而已。

说一不小心也是不对的，松叶园的菜式很精致，味道浓郁正宗，尤其是一道豆酥蒸鳕鱼，鳕鱼的选料很新鲜，量够大，看着就让人感觉到诚意，上面铺着香喷喷的豆酥，每一口都能感觉到鳕鱼的幼嫩和豆酥的浓香，不吃你就体会不到那种相得益彰的口感。

很可惜我们去的时候是晚上，餐厅的大窗儿

乎落地，外面庭院里的风景在白天也应该是十分清雅的，不管是户外的庭院座位还是室内的圆桌，都可以分享到风景，店主一定是爱生活爱这一片山色的人，才会有如此的设计。惯常在都市里，有这风景的餐厅都会卖一些昂贵的假模假样完全不注重味觉的餐品，因为无敌的风景，你只能吐着血，用吃饭的钱，只为享受那种怡然的气氛。可在这一家，饭菜十分入味，价格也不离谱，却附送这样的氛围，十分厚道，不可不来。

即使是静谧的夜色中，也能看得出庭院的雅致，以及庭院里的一湾清泉带来的风韵。启云哥说上次来的时候看见水里的锦鲤，我试着击掌召唤它们，却无缘见面，不知道下一次你去的时候，是不是可以有比我更幸运的机会呢？

客家妈妈菜 海记糖醋排骨

食 材：小排、生粉、二砂糖。
调味料：工研乌醋、蒜、姜。
做 法：

❶ 小排裹粉炸制，至金黄捞起沥油。

❷ 将乌醋和姜末、蒜泥一起拌匀，然后加入二砂糖（台糖的二砂糖是元蔗糖，保留了甘蔗的清香，会让小排带有若隐若现的果香哦）。

❸ 将炸好的小排放入糖醋汁里不停搅拌翻滚，直到糖醋汁完全被小排吸收，最好的效果是小排上能看得见粒粒砂糖。

❹ 装盘了！

云林·老吴·本鸡的逆袭

老吴家的第一代，通过杂交技术，得到台湾第一只红面番鸭，如今他们正在不断研发培养合适台湾水土的鸡、鸭、鹅新品种。工业化的孵化场为乡亲们提供禽种，饲料和养殖的技术也源源不断输出，然后再统一按照标准收购，在自家的工厂加工成油鸡、滴鸡精和各种禽肉产品。掌握核心技术，带动地方经济发展，这样听起来十分熟悉的字眼，具体而鲜活地呈现在眼前，有了放心的源头产品，台湾的油鸡、姜母鸭、麻油鸡、樟茶鹅才能持续不断地活跃在人们的餐桌上。

吴家第一代的老吴经过多次试验之后杂交出一款很合适台湾养殖气候的鸭——红面番鸭，因为肉质厚实，红面番鸭的肉特别合适制作姜母鸭，由此老吴在洋鸡的竞争中找到了生存之道，将本岛传统鸡、鸭、鹅的品种优化变成自己家的特点，根据台湾的风土人情研发禽类的品种，保护台湾当地的本鸡、本鸭、本鹅品种。

虽然老吴家的鸡种养殖的时间比洋鸡要长，但在经过老吴家的研发之后，本鸡变得健康高产，不需要太多激素和抗生素就能健康长大，虽然要经过 90 天甚至更长的等待，但养出来的鸡却因为味道鲜美、肉质细嫩而供不应求。老吴开始将鸡种、饲料和养殖技术推广给更多的人，然后从德国进口流水线，建立现代化的加工厂，大量收购养殖户养好的鸡，加工成花雕鸡、油鸡、滴鸡精等。如今老吴的儿子、媳妇负责经营，老吴将更多的精力还是放在禽类品种的研发上，保护传统的味觉，从根本的品种上着手，这是老吴的坚持。

第一次听到元进庄的名头，是因为去“一茶一坐”被推荐吃油鸡，只不过一条腿，却卖到48元，我觉得贵，但看起来很诱人，于是吃了一次。没想到却记住了那个味道，没多久又会想念，就这样竟变成一道每次去必点的菜了。

上网去找，这才记住元进庄这三个字。内地的鸡肉早就不太敢吃了，禽流感、激素、抗生素、速生鸡，甚至还有关于肉鸡会长8个翅膀6条腿的传言。

小时候住在安徽山区，过年的时候必会抓一只老母鸡煮汤，叫做“元宝”，那鸡汤上厚厚的一层黄油，的确有黄金的感觉。

外婆很长一段时间住在宁波，很会做虾油鸡，那是必用阉鸡的，小公鸡在还没有开叫以前就把它处理一下，变得不会再叫，也丧失了生殖能力，公鸡本身那种会“发”的特质也被取掉了，但肉质会变得很嫩，而且个头会变得很大，小时候虾油鸡腿实在是年节时候的美味。

而让我吃了不能忘的这条48元的油鸡腿居然会有外婆的虾油鸡的味道，让我在决定台湾之行时一再要求要去元进庄的地盘看看，我相信，西洋白毛的鸡种不会有这个味道，这鸡一定不寻常。

拜访元进庄那天，也有异象，大雨如注，我们在稻田里迷路了，导航软件频频把我们带到田野的中间，但看起来没有路的地方却会柳暗花明。雨越下越大，稻田里的水慢慢漫了上来，好几片田里已经有了倒伏的稻棵，都是接近收割的，这一年的收成因为这场雨一定是会有损失的。

每天沉浸在微信虚拟世界里的人，真应该到田野里来看看。再先进的社会，农业还是根本，上网不会让你吃饱肚皮，看着那些沉甸甸的稻穗倒在雨水里，莫名其妙的伤风悲秋显得多么无聊。

总算在七兜八兜之后，我们看见了元进庄的三个大字，在田野里显得十分有气场。但办公室却很低调，办公室前面停着的车也比较普通，不

是那种一有钱就建起琉璃瓦大楼、摆上一溜名车的暴发户排场。

刚到公司，又通知我们上车，一个看起来很朴实的女孩子带我们去看鸡、鸭、鹅养殖现场，车上为我们准备了雪白的高筒套鞋，看起来是全新的。

我以为这是为客人准备的待遇，她却告诉我，这是他们常规的工具，每一双鞋只要使用过，就会收回去做统一的消毒处理，倒不是有洁癖，而是杜绝细菌和病毒的传播，这一点深得我心。

我们先去看小鸭的孵化，一年中也只有五六月间不冷不热的这几十天里能孵化小鸭子，看起来有点像冰箱的孵化箱里，鸭蛋一个个整齐地排列在网格上，一箱里有 4 万多只蛋，孵化的过程本身就是一次优胜劣汰，有些没有到时间就先出来的小鸭子，身体很弱，掉在箱底，奄奄一息，这些基本是长不大的，就淘汰掉了。看着它们湿哒哒羸弱的样子，有种生不逢时的慨叹。

一箱 4 万多只蛋居然是靠人力排列上去的，摆蛋的过程就会有一次筛选，孵化出来活着的小鸭子还要再筛选一次，这一次是分清公母。据说全台湾会做这个事情的只有十几个人，我们那天就遇到这样的师傅，把小鸭子的腿一分，公的一边母的一边，公的负责养肉，母的负责下蛋。孵化季节师傅几乎每天都驻扎在孵化场里，选蛋、上蛋、取孵出来的小鸭子，分清公母以后分给养殖户。

厂里的孵化机有 100 多台，一年会孵出多少鸭子来呢？你打开手机算算看。

小鸡也是这样孵出来，然后被送去养鸡场，不过它们的居住环境可不一般。

高大的鸡舍，铺着厚厚的玉米和木屑，这不是给它们吃的，是用来做地毯的哦，踩在上面松松软软，还十分干爽。

为了杜绝疾病的流传，每一棚 15000 只鸡从

小鸡开始就住在一起，每天定时打开抽风机换气，天热还有电风扇降温，进出笼舍的人衣服鞋子都是经过消毒的，6个月以后小鸡长大了，再一起进厂被制作成美味的菜肴，有点同班同学的感觉。

在工厂里等待肥鸡的是来自德国的生产线，在完全没有痛苦感觉的情况下，鸡被瞬间杀死，算得上是安乐死。我们都知道动物在死亡的时候，感觉越痛苦，身体就会产生越多的毒素，肉会不好吃，营养也会差，安乐死的流程让鸡肉中的毒素大大降低，鸡肉的味道也变得更加鲜嫩了。

有了从孵化、养殖到加工包装销售完全控管的流程，这只鸡才让人吃得放心。爱吃的我们，不仅希望吃得安全，还希望能获得美味。

传统的鸡种我们叫本鸡或土鸡，它们风格各异，有的合适炖汤，有的肉质肥美，有的却很会下蛋，可是当洋快餐带着白羽黄鸡占领了我们的市场，鸡只变得肥大，肉质虽然很嫩，可是属于鸡的那种鲜美不见了。如果爱吃肉，我可以吃猪肉牛肉，吃鸡，在中国人的心目中，鲜是排在第一位的，讲究的人家会专门熬鸡汤作为高汤给百菜提鲜，这一种讲究，是洋人不能领会的，洋鸡也给不了我们，所以快餐流行的这些年，鲜美的土鸡成了传奇。

元进庄的鸡，让我感兴趣的，除了这些超高品质的控管流程之外，是它的品种。家禽的品种之战在内地，本鸡节节败退，可是在台湾，因为有元进庄的坚持，本鸡、本鸭、本鹅的品种得到保全。

我们的鸡，原先是彩色的，芦花鸡、狼山鸡、三黄鸡，尤其是鸡群里神气的大公鸡，那漂亮的尾羽在童年的记忆里是可遇不可求的。地方气候的不同，合适不同品种的鸡生活，在自己适宜的环境里生活的动物不容易生病，自然也就不需要吃药，动物如此，植物也是一样。

我曾经在花盆里试着种菜，取自上海当地的葡萄和荷兰黄瓜种在一起，藤缠藤，黄瓜一直落

花，有病虫害，和它紧紧依偎在一起的葡萄却不为所动，茁壮成长。因为温度湿度的微妙变化对品种的适应性十分关键。

老吴也正是领会到这一点，要降低家禽使用激素和抗生素的量，就要提升它们本身的体质，不生病，谁会花钱吃药啊?

元进庄的鸡、鸭、鹅用的都是本地的品种，然后通过杂交使它们变得更加强壮，再后运用现代化的生产科技保障产量，虽然生长周期比西洋品种长，但口感好，自然不愁卖。况且养殖户养好的禽只还由元进庄负责收购，加工成成品之后远销，这是从西洋品种产购销一条龙的模式中学来的经验。

坚持传统，不是不利用先进的手段，而是学习别人的长处，来谋求自己的发展，有了这样的用心，土鸡、土鸭才被端上了我们的餐桌。

台湾美食的根本正是因为有很多个像老吴这样在基础和根本上用心的人，不断用创新的方法去维护传统，才得以将美味代代相传。

嘉义·阿忠·牛肉汤

邂逅这家店靠的是大厨的直觉，已经吃了满满一肚子美食渴望回酒店洗澡睡觉的一行人，忽然被启云哥叫住——“这家店一定会好吃”。抱着给大厨一个面子坐下来随便吃一点的心态，菜单也没看，就听凭大厨点了牛杂汤，然后懒洋洋地喝了一口汤，哇——大家几乎都这么惊叹起来，好喝！阿忠进来，却不满地说：“你们一定没来过我们店，这里的招牌是牛肉。”然后就拿了一大盘烫了一下的牛肉片送进来，太好吃了，就这样吃到了在台湾最震撼的一餐。

行至嘉义，我们已经吃得头昏脑涨了，完全靠直觉在吃，嘴里也觉得很不错，但真的有一种“行尸走肉”的感觉了，太多好吃的东西让敏感的味觉变得迟钝，肠胃几乎没有空的时候，除了吃就是开车在路上，你羡慕？那你试试看？

到嘉义的时候已经很晚了，大家默默坐在车上体验“脑满肠肥”这四个字，忽然启云哥叫到——那里有一家好吃的，一定好吃！

街对面，是阿忠牛肉汤，看起来门面蛮普通的，有点缺觉已经吃得懵里懵懂的志林很不起劲地说：“还吃啊？”

不过启云哥说会好吃，我们总要给个面子，于是我带头先下了车。

走进去，是一家不大的店，桌椅也很简陋，以卖牛肉和牛杂为主，心里默默想，要是我老公在，一定会喜欢，现在要是能借他的胃来装装牛

肉汤就好了。

还好，牛杂汤上来，不是很大一碗，清汤，里面不多的几片牛杂，样子也很普通。先喝口汤吧，很清甜呢，汤里是有苹果洋葱什么的吗？跟启云哥正在探讨，别的人也一起进来了，志林已经是要睡着的样子，可是，也都被这一碗汤唤醒了。

老板走进来，见我们居然没点牛肉，好像有点老大的不乐意：“我们店的招牌是牛肉，我送一盘给你们吃。”听说我们是从内地来探访台湾美食的，老板一定要我们试试他的牛肉。

冲着这份热情，我们硬着头皮吃吧，哇！真的好吃，看来那牛肉汤里的清甜，不一定是水果里来的，因为这清水汆烫出来的牛肉，居然也是甜的。

跟老板攀谈，才知道牛肉清甜的秘密来源于牛肉本身，这是今天早晨刚刚宰杀的新鲜牛肉，直接送来，所以才会这么好吃。

店里还有用热气牛肉做的牛肉干，味道十分浓郁，我买了两袋带回上海打算送人，后来觉得太好吃了，就这么自己吃光了，害羞害羞。

后来在采访百家珍醋厂的时候，他们听说我们盛赞嘉义的阿忠牛肉汤，却都露出不屑的表情，向我们推荐高雄五福四路上的牛老大，说那才是最正宗的温体牛肉涮涮锅。

话音才落，元进庄的吴总就来电话请我们吃饭，选的居然就是牛老大，于是我们又去吃了一次。但也许是先入为主的原因，我却觉得还是阿忠的好吃。

这是为什么呢？回来以后我一再思考这个问题，总算找到了答案。

阿忠的牛肉是他涮好给我们拿来的，老嫩程度刚刚好，而牛老大的牛肉我们是自己涮的，因

为不敢吃生的牛肉，所以涮的总是过头一些，掌握不好那个火候。

如果你自己去台湾吃温体牛肉涮涮锅，一定要记住，不要超过10秒钟，肉还是红的就要吃了哦。

顺便说一下，那个闹着不要吃了想早点回去的志林兄，在阿忠牛肉汤，后来吃得很嗨，在我们都吃不下以后，他还追点一份牛肉沙西米，就是生牛肉片，音乐人的潜力，不挖还真是不知道啊！

屏东·台湾米酒·每天18万瓶

台湾的米酒是用台湾土生土长的糙米酿造的，生产台湾米酒的厂在屏东有一家，因为当地有很好的山泉水，还有一家的选址也是因为水源，台湾当地人对米酒的感情很不一般，提升对台湾菜的认识，米酒是关键。

屏东酒厂每天要生产 18 万瓶米酒，这些酒是专门用来烹调的，台湾当地人做菜爱放酒，用酒去腥催熟滋补，这个酒就是完全用米酿造的台湾米酒。

听说采访台湾米酒厂要通过台湾“公卖局”，我觉得很不可思议，因为一路走来几乎所有的品牌都是个人的，传承有序，有些完全是家族企业，为什么米酒却会是“公家”的呢?

所以一见面我就提出了我的疑问。

屏东酒厂负责生产的副厂长先生是个一脸笑容的慢性子，回答我的问题，他还是从米酒在台湾当地人生活中的重要性讲起。

台湾当地人做菜的时候也喜欢放酒，除了像我们一样用来去腥之外，秋冬季进补也靠米酒，台湾最家常的三杯系列里也是少不了一杯米酒，而想到台湾菜就会被提起的麻油鸡也少不了米酒。其他还有花雕鸡、花雕虾、酒糟猪脚等等，似乎米酒渗透到了台湾菜的每一个角落，可以说是台湾当地人生活当中必不可少的调味品。

早些年曾经有过不法商贩用工业酒精勾兑假酒的事件，造成很严重的后果，而米酒又完全渗

台湾的米做台湾的米酒，六月是丰收季

透在台湾当地人的生活中无法分割，太过重要，并且酿造米酒需要大量的糙米，所以台湾米酒就变成专卖品，由“公卖局”负责生产和销售。

在台湾当地人的生活中，不论生老病死、婚丧喜庆，一生重要的生命礼仪都少不了米酒。孩子4个月的时候，父母以姜片沾米酒，涂抹婴儿的头部，让孩子的头发长得浓密。端午节的时候，以米酒调上雄黄，在孩子的额头上写个“王”字，驱邪除煞。妇人产后，以米酒来擦拭身体，还要用米酒去除酒精之后的“月子水”来调理身体。有客人飘洋过海而来，敬上一杯米酒，兼具洗尘、压惊功用，称为“洗咸水”。米酒可说是人们饮用、消毒、除煞、祭祀的万用品。

米酒步入厨房成为料理酒主流之后，举凡炒、爆、熬、炖、烩、焖、烧、煎、烤、卤、腌等等料理法，几乎每一道菜，都要用到米酒。大师傅少不了米酒，冬季最火热的进补餐饮店，举凡姜母鸭、羊肉炉、烧酒鸡、药炖排骨，更以米酒代水，来炖煮出舒筋活血的补品。更重要的是，巧妇难为无“米酒”之炊，在每一个台湾家庭的厨房里，米酒就和盐、糖、醋一般，是主妇们不可或缺的调味料之一。

究竟深受当地民众喜爱的红标米酒，制作的奥秘在哪里？它的味道真无法取代吗？

而大陆的米酒文化，几乎与大陆的稻米文化等长。相对于西方的果酒制作，大陆人的谷酒文化可能始于7000多年前的神农时代，说来大陆以米造酒有数千年历史，然而上古时候的米酒与今天台湾当地民众惯用的红标米酒并不相同。最大的差别在于古书典籍上记载的米酒，应该是发酵后直接压榨而未经蒸馏的酿造酒，也就是俗称的黄酒。黄酒是我国古老的饮用酒，酒精浓度只有15% ~ 20%。

1931年阿米洛法试验成功后，台湾的米酒从此有了一致规格化的风味，虽然味道不如传统方法杂菌发酵的香味，但已经是大家习惯的米酒味道。如今屏东酒厂每天米酒的产量是18万瓶，

屏东酒厂用来存米的粮仓约有 6 层楼高，十分壮观。

坐月子的必备品

对台湾的孩子而言，米酒香是一种妈妈的味道。打从初生，就跟着妈妈坐月子，透过母奶啜饮人生的第一口酒香。依照民间习俗，产妇在坐月子期间不能喝水，只能以酒代水。有的还严禁产妇洗澡，只能以米酒和温水调和来擦澡。

台湾当地人认为，产后产妇的身体内脏松垮，一旦吸收过多水分，就会造成内脏下垂，小腹突出的水肥现象。因此，用 3 瓶米酒煮沸成 1 瓶几乎没有酒精的液体，也就是俗称的“米酒水”煮生化汤或麻油鸡来解渴，是一种习俗。

据推算，一个产妇坐月子期间大约要使用 160 瓶的米酒水，换言之，也就是得用上 500 瓶的米酒。但孕妇使用的米酒水必须彻底去除酒精，因为即使 1% 的酒精对于孕妇也是有害的。米酒作为基础，再由专业机构提炼成米酒水，对于台湾当地人坐月子来说是少不了的消费。

到了冷天，台湾当地人更是爱去吃一碗用黑麻油、姜片和米酒烹制的麻油鸡，这也应该是米酒文化的无形积累吧。

麻油鸡的麻油

台湾当地人把黑芝麻叫做胡麻，胡麻榨的油叫做黑麻油，台湾收获芝麻的季节十分湿热，这个季节也是稻米的收获季，顶着烈日在田里劳作，汗水流淌的感觉给人一种沉甸甸的幸福，原生的材料，在当地直接加工，多少年来就是这么踏实地生活着。寒冷的季节来临的时候，用黑麻油和米酒做一碗热腾腾的麻油鸡，吃在嘴里的感觉，就好像在冬天里晒到了夏天的暖日头，好像有一种能量储备和传递的穿越感。

阿嬷麻油鸡

食材：鸡高汤、鸡腿肉、姜片、米酒、黑麻油。

调料：盐。

做法：

将黑麻油与姜片下锅爆炒，爆香之后放入鸡腿肉翻炒，炒到鸡腿肉变色后放入鸡高汤和米酒炖煮，吃时加盐调味。

酒後不開車
安全有保障

高雄·黄妈妈·第一杯木瓜牛奶

好喝的木瓜牛奶没有秘诀，只要用在树上长到八分熟的木瓜和最新鲜香醇的牛奶结合就行，选料是关键。如今黄妈妈成了黄奶奶，每天早上还是会亲自去市场采购食材，只要有空就会在店里亲自参加工作，洗杯子、煎鸡蛋、做牛奶，什么都干，遇到新客人，她都会问——你以前喝过的木瓜牛奶好喝吗？当你喝到正宗的那一杯时，你才会知道当木瓜遇上牛奶，应该是什么样的甜美。

50年前，银行里工作的黄明珠爱上了开出租车的钟先生，因为家里反对他们来往，就跟着男朋友私奔来了高雄。坚持爱情的下场是生活拮据，黄小姐背着孩子在高雄的爱河边卖起了牛奶，那时高雄正在建造一间酒店，牛奶摊的客人大多是建筑工地上的工人和工程师。大家反映光有牛奶吃不饱，于是黄妈妈又用蛋液裹上三明治炸一炸，卖给客人。一杯牛奶三元钱，为了留住客人，获得这三元钱，黄妈妈想了很多办法，完全无师自通，三明治的变化带来更多生意，她又开始在牛奶上动脑筋，于是全世界第一杯木瓜牛奶诞生了。

木瓜牛奶如今已经是一种很不稀奇的饮料了，大街小巷甜品店连锁餐厅，似乎都少不了这淡橘色的一杯，可是，你知道真正的木瓜牛奶的味道吗？

作为全世界第一杯木瓜牛奶的创始人，黄妈妈的秘诀十分简单，想要木瓜牛奶好喝，木瓜一定要熟，但也不能过熟，八分熟的木瓜最好，但如果是不太熟的时候就采下来完全人工催熟的木瓜，是达不到她的要求的。在高雄，她会坚持挑选在树上长到八分熟的木瓜，每天新鲜送来，直接使用，然后选用台湾当地林风营的牛奶，奶香

浓郁，就这两样进搅拌机搅拌，掌握好木瓜和牛奶的比例，根本不需要加糖，就能得到一杯真正好喝的木瓜牛奶。

我们采访她的时候，有幸喝到，入口首先是浓郁的奶香，木瓜和牛奶结合在一起的果香味慢慢在嘴里荡漾开来，然后就会觉得甜，那种甜和蜂蜜的味道是不一样的，我们细细寻找，回味中的确没有蜂蜜或果糖的蛛丝马迹，是完全天然纯粹的四个字——木瓜牛奶！

在我们拜访的名店中，作为创始人并且还在店里工作的，黄奶奶是唯一的一个，我们到店的时候，已经是晚上7点钟，到收银台去联络采访事宜，看见一位优雅整洁的老奶奶正在水槽那边清洗工具，穿着漂亮的花衬衫，直觉告诉我，她就是创始人本人。

听说我们是要采访的，老太太说老板还在商场里，等明天来，我有点不相信，但看她样子又不是撒谎的人，所以厚着脸皮说——明天要离开高雄，今天就很想采访到，一边就请大伟去买六杯木瓜牛奶。

老太太微微有笑意，是因为我赏识木瓜牛奶吗？

她离开厨房开始向外走，我又跟上去，请她一定接受一下采访，她想了想，让我等一下，然后进了一间小房间。

过了一会出来，已经梳过头了，脸上微微笑着说："你们来得太晚，忙了一天，已经不好看了，你们应该早上来，那时我是整整齐齐的，你们可以拍我去市场买菜买水果的样子。"

真是个有趣的老阿姨。

而且她也没撒谎，现在店里很多的事情都是她女儿在管理，她们在商场里还有一个店，而这家中华路的高雄牛奶大王是老店，她一直自己照看着。

一家快50年的老字号，木瓜牛奶的创始人，而且，现在还维持着开店时的质量，却为什么没有很多的店铺呢？

没想到老奶奶打开心扉告诉我的却是一个关于私奔和背弃的故事。

当年情窦初开为爱离开台北来到高雄的黄小姐，背着孩子卖牛奶早餐，就这样带大了4个小孩，生意也越做越大，因为一直遇到房东涨价的意外，她还买下很多店面来开店，一切都在向世人证明，只要自己努力，就能守得云开见月明。

但，渐渐地，孩子长大了，儿子决定到上海去开咖啡馆，十几年前去过，没想到却亏了巨额钱款，铩羽而归。

而先生也出现问题，谈了年轻的女朋友，居然把辛苦积攒下来的20多间台北的店铺一起卖掉出走了。

谈到这心酸的故事，黄女士的眼角微湿，她说那时候幸好和店里的人住在一起，忙着店里的事情，才没有去自杀，也就这么慢慢熬下来了。

对于一个那么有韧性坚持并且聪颖的女子，老天似乎不算公平，但多年以前看《阿信》的电视剧，也是如此，坚强的女人不知为什么，常常会遇到——“遇人不淑”这四个字，也许这正是老天对她的另一种试炼？

幸好，熬了下来，黄女士的气色还是相当不错，说到伤心处，也就一两句话而已，自己会立刻停下来，转而说起别的事情，这说明她的内心真的足够强大而高贵。她并没有滔滔不绝去谴责始乱终弃卷款私逃的男人，而是跟我提起一家她觉得非常好吃下次一定要带我去吃的米粉店，又兴致勃勃谈起她的孙子，说以前的孩子都是可以打的，现在不行，又问我打不打小孩，我说会打，她笑得深以为然。她看见同行的阿义师，会特别留意，据说孙子长得高高大大，跟阿义师很像。

谈着这些，眼角的那点微湿已经被笑容熨干了。

活下去，自己寻找欢乐，即使古稀之年，黄女士的生命力还是十分活跃的。

如今已过70岁的她，每天还是会去市场采买店里需要的东西，然后回到店里来和大家一起工作，高雄牛乳大王的操作还保持一贯的半透明方法，付款之后你可以清楚地看见他们在柜台里的操作，所有的食材也都是新鲜和优质的，并以此获取味觉的保证，50年，这个宗旨没有改变。

人的一生，偶遇的一些人会是重要的记忆和启示，高雄这一晚，一杯香甜的木瓜牛奶之外，我收获了人生重要的一课，努力过后不见得事事如意，但优雅地活着，是对自己的交代。

网上搜索高雄牛乳大王，都会看见他们家的转折，曾经创下多项经济奇迹，全盛时期在台北拥有26家分店，首创的木瓜牛奶是高雄美食的代表，如今只剩下三两家分店而已。现在你知道，有时打垮自己的只有自己而已。

但那一杯木瓜牛奶，真的还是那么好喝！下次去台湾，特地绕道也要再去喝一杯，顺便再和黄女士聊聊天。

东石·许家·蚵的四代同堂

东石，寂寞的海滩，蚵农将洗干净的蚵壳放进海里，很神奇的，蚵会慢慢地在壳里生长出来，是不是有种靠天收的感觉？但老天给你的也会拿回去，只要一场台风，蚵会变得瘦小，甚至颗粒无收。世世代代，东石靠蚵为生，因为台风的来去，蚵能带给东石人的不过是清贫的生活而已。

去台湾找找蚵，尝尝蚵仔煎的味道，但如果只知道蚵仔煎，就片面了。

蚵，以前是完全野生的，长在海边的岩石上，需要吃的时候挖来吃就可以，但吃的人越来越多，海水的情况越来越差，就基本改成人工养殖了，很多海洋里的美味都是如此。

蚵，爱的人爱死，不爱的人无视，探寻台湾美食，却无法忽视它。蚵仔煎、蚵仔面线铺天盖地，各种蚵的料理更是推陈出新，可走在东石的蚵田，却是寂寥的空旷感。

蚵田，风景很美，也十分寂寥。宁静的海域，才能长出肥美的蚵，蚵胆子很小，稍有点风浪，就会受惊，然后消瘦，所以风平浪静的五六月间是蚵生长的最好的季节，到台风来临，蚵就憔悴了，甚至颗粒无收。

但也奇怪，有些终年没有台风的海域，却不那么合适养蚵。

老天爷真是不打算让人太过顺利，是怕我们因此变得懒惰吗？

东石的蚵田是代代相传的，当初只是普通的近海，先辈开始种蚵，划下自己的地盘，都是同村甚至同宗的，所以互相约定俗成各自的区域，

倒也相安无事。

早上船出去收蚵，一般快中午是一定要回来了，因为要送去鱼市场售卖。东石这里也有出海捕鱼的船，野生的鱼捕回来是在鱼市场拍卖的，一般是一点钟开始，鱼全部摊在那里，然后有专人主持，野生的鱼需求量高，很快就售卖一空。不过现在的渔获不是那么多，收入不那么丰厚，很多船主找不到人，已经开始使用外劳，养蚵的人也是，40 多岁就算年轻人了。

站在海边，看见采蚵船进来，一条船上一般两个人，蚵壳很重，岸边有货运公司会提供有吊钩的货车来帮忙装卸，然后运去村里，女人们把蚵挖开，或者清洗蚵壳，以便售卖。卖蚵有两种方式，一种是去壳，将蚵仔装在水袋里保鲜销售，另一种是连壳销售，后者一般选较大的蚵，用来生吃的较多，其实蚵就是比较小一点的生蚝，学名都叫牡蛎。

到了东石，自然要去吃蚵的料理，我们在路边看见较多桦荣的牌子，就决定去这家。店很好找，一路都有指示牌。

桦荣海鲜料理在比较偏僻的海边，房子很大，也整齐。店主见我们进去，就打开了凉爽的空调，店里有一个不到两岁的小朋友在快乐地跑来跑去。

第一代许家的爷爷原先便是蚵农，到了第二代许爸爸和兄弟们穷则思变决定放弃祖业，开一家蚵的料理店。如今许家第三代已经可以独当一面，大儿子也有了自己的小孩，是真正的四代同堂。但第二代的许爸爸还是会每天去鱼市场拍卖，以便得到最新鲜的渔获，保证自家料理店的品质。那么偏僻的地方，居然宪哥也来过呢。

能开十几二十年的店，总会有些自己的本事，许家世代养蚵，蚵的料理方法是他们的长项。

新鲜的蚵刚刚从海水里才上来，清洗以后撬开蚵壳直接吃，是最有东石特点的吃法，这种地

理优势别人无法比拟，他家蘸蚵的配料也是现做的，少少一点姜和酱油膏，但会吃的人大多不蘸料。

蚵仔煎自然也是有的，中规中矩，但鸡蛋和菜的香味影响了对蚵的欣赏，在蚵的产地吃有点可惜，可以去宁夏夜市吃蚵仔煎大王那家，现场感强。

酥炸蚵仔和蚵卷最得我心，只用薄薄一层粉浆过一下，直接下锅去炸，蚵的原味被保留了，又多了一层香，蘸点甜辣酱吃，很入味。蚵卷则是很特别的，将蚵和菜切碎，包裹起来，但跟春卷不一样，外面的皮厚而脆，吃起来很香，即使是不喜欢蚵那种滑溜溜有点腥气的口感的人，也一定可以接受这一道菜。

蚵仔面线也是有的，我觉得有点腥，吃了两口放弃了。

还有一种是当地的吃食，据说是渔民出海前一定要吃一碗补充体力的，是朴实无华的蚵仔蛋汤，我猜测是煮水潽蛋的时候放进蚵仔一起烫一下，因为蛋白质丰富，所以容易提升体力，补充营养，很实用，制作也方便。

但在蚵的料理之外，我遇到了十分难得的美味，一定要和大家分享。

午仔鱼是台湾当地人公认的美味，引进到内地，因为读音不吉利，改成了“福仔鱼”。这是一种肉质鲜美却没什么刺的海鱼，现在有野生的，也有人工海水养殖的，而且因为它出水之后受了惊吓就会死，所以一网捞上来，大大小小，就这么售卖，野生和人工的也很难区别。

但在桦荣，我却在有经验的许家老爸的指导下，学到最简单有效辨别野生福仔鱼和人工福仔鱼的办法，野生的福仔鱼尾巴是白色的，而人工养殖的，尾巴像黄玉一样有点微黄。

野生的福仔鱼怎么吃才好吃呢？

在许家的冰柜里，有今天刚刚拍卖来的新鲜野生福仔鱼，挑了一条，许家老大建议我们直接清蒸，味道最好，于是我们坐等美味上桌。

端上来，却是惊喜。

新鲜洗净的福仔鱼，用酱油葱姜和一点点树子一起蒸，树子的果味让福仔鱼变得更加美味，十分优雅，而清蒸的做法更加凸显出鱼肉的新鲜。

产地二字，就是这么神奇。

树子小贴士 TIPS

树子又叫破布子、破布木、破子、树子仔、破果子、布楂叶、破布叶、麻布叶、布包木、破布树。

树子为紫草科破布子属破布子和大果破布子的成熟果实，到了夏季，整棵树子上结满了果实，熟时由绿转黄橙，热闹非凡。

树子的果实带有甘味及黏性，虽然不好看，却相当可口。

树子富含纤维，常吃大鱼大肉以及油脂积存过量的人，多吃些树子可以补充纤维质。

树子是民间广为流传的解毒偏方，尤其是针对芒果过敏症状。

东港·老李·鱼的故事

因为城市的发展和工业的进步，近海里的野生渔获已经越来越少，台湾官方因此将海水净化后通过管道输送到渔民家里，越来越多的渔民开始成为渔业养殖户，虽然不用再去海上讨生活，但他们还是喜欢海水那一股独特的腥味带来的踏实感。老李的工作就是在全世界找鱼，所以他熟悉台湾的渔业养殖户，要吃什么鱼就请老李带你去吧。

李宗智李大哥一口很标准的国语，我以为是他经常和内地的客户交流特意学的，没想到他原来是在眷村长大的，难怪口音很像李立群。

和李大哥见面的地方是阿达海产店，没去之前，我以为就是那种卖海鲜的专门店，没想到却是海鲜料理店。

门口的冰柜里是各种海鱼，最抢眼的是赤鯮鱼，颜色十分美丽。

李大哥和店老板很熟，借用他的店堂和厨房，让我们吃一吃他带来的福仔鱼和富贵鱼，因为是产地，所以福仔鱼用清蒸，吃个新鲜味。而肉质肥厚的富贵鱼，则喜欢用油炸的方法来吃。

我们吃的这条富贵鱼很大，要两斤多重，肉很厚，几乎没什么鱼刺，吃起来相当过瘾，制作的方法跟我们老上海的熏青鱼很像，起大油锅炸透，然后用酱油、糖、蒜泥调好的味汁提升味道。

这条街海产店不少，有点铜川路的意思，但没什么苍蝇，海腥味也不浓，店铺比较朴实，很干净，没什么游客，都是当地人在里面享用美食。

老板娘切生鱼片的动作很有气场，是每天和

海鲜打交道的那种熟稔。但店里除了海鲜之外还有美味，一个是当地特有的蔬菜水莲和山苏，用小鱼干和荫豉快炒，很有地方风味，还有一个就是榴莲酥，将芋头刨成丝，然后像卷毛线球那样将榴莲包在里面，炸着吃，据说很香，我们摄影师小刘又一口气吃了两个，他的心动过速好像有点再次发作的意思，但他还是直说好吃！

在这里也吃到了樱花虾饭，做法更简单，就是将米饭加油和蛋炒一炒，铺满樱花虾就上来了，樱花虾很甜很香，好吃。问启云哥，他说：“这没什么秘诀，就是因为在产地。”

然后我们去参观了两个养殖专业户。

一家是养石斑的，用水池养，不停翻水，模拟海洋的生态，石斑鱼养得很大，老板看着鱼塘，喝着茶，十分高大但内向，有点石斑鱼的气质。

另一家是父子俩在经营，父亲早年是渔民，后来开始养鱼，儿子如今接手，开拓新的事业。他们家养鱼的方法较多，有池塘养的，也有模拟水塘原生态的土塘，还有在近海围网养的，根据鱼的品种不同进行规划，然后自己又加工成切块冷冻包装，可以销往日本。我们去采访的时候，就有一群日本客商在等待商谈，他们家的鱼产品还进行了网络销售，很有想法。

在参观他们的养殖区之前，我对养殖的鱼，总觉得是用来果腹的感觉，鲜美的海鱼，总还是应该来自真正的大海。

但看过他们的鱼塘，我渐渐接受。

海水是经过净化处理由政府管道送来的，每个塘里都有水车，24 小时不停翻水，帮助鱼塘进行新陈代谢，而且，严格遵照养殖规定，一塘鱼起塘之后，水塘就会出空，让水更新一次，保证水质。

据说内地很多地方的鱼塘，20 多年都没有翻过塘，水质堪虞。

大量养殖的海鱼，保证了市场供应，也保证了鱼的健康品质，让更多爱鱼的人能品尝到海鱼的美味，这全赖养鱼人的良心。

我们爱吃鱼，当然在心里还保持着从大海里直接获取美味的梦想，每年五六月间到台湾，这个梦想可以实现。去东港前李哥带我们去买樱花虾，小小一家店，父子二人经营。卖的樱花虾很干，还有加工成不同口味的方便包装，但店里最值得推荐的还是双膏润，这种台湾当地的特色小吃，只有现买现吃，用米粉蒸制，十分可口！

东港渔村有个很大的观光鱼市，很多游客一定都去过，但如果在这个阶段你去东港，记得向里面走，走进去是旗鱼和鲔鱼的拍卖区，真正海捕来的旗鱼和黑鲔鱼，就在这里交易，每年黑鲔鱼在春夏间洄游到台湾海，拍卖区便专设了黑鲔鱼专区，可以吃到直接从渔船上拍卖来的黑鲔鱼。

在这里吃到的黑鲔鱼价格最低，但最新鲜，鱼店和各种料理餐厅的黑鲔鱼便是从这里买去的，到了市区，价格就涨上去了。

上海也有金枪鱼主题店，号称是拍卖来的整条鱼现场拆解销售，但和这里的新鲜度比起来是有差距的。会吃的人，连下午去吃都会觉得遗憾，他们会一早等在那里，在午餐前就吃到，是最新鲜的味道。

新鲜的黑鲔鱼，鱼肉十分甜美，以中腹最贵，上腹次之。

过了这一季，就要等明年了。

如果你是生鱼片爱好者，别再回味三文鱼了，到台湾，五月底六月初，吃一次现捕来的金枪鱼，台湾叫黑鲔鱼，那才叫生鱼片啊！

万丹・王家姐妹花・羊肉炉

到万丹，一定要去吃吃王家的羊肉炉，不仅是因为咖喱羊肉的味道好，还因为王家那一对姐妹花，从小学开始就在店里帮忙，如今已经人到中年，却还保持着少女的身材和气质，是厨房里的明娟。王家一家人都靠这间店生活，夫妻俩养大了2个女儿1个儿子，如今还几乎买下了半条街，但店里的格局还是老样子，爸爸负责煮羊肉，母女三人帮忙厨房里的杂事，弟弟在外场，配合默契的一家人也许才是这家店近30年不衰的原因吧。

走这条线，原先的目的是为了去吃万峦猪脚，网络上比较知名的台湾小吃。因为当年蒋经国先生曾经到万峦的林海鸿家吃了这一道特色菜，且赞誉有加，所以屏东的这一条街成了猪脚街，家家都卖猪脚，游客也会常常光顾。

如今，海鸿饭店传到子孙，自然就会分家，所以一条街上有三家海鸿饭店，都是林家的，不同人而已，猪脚的做法也几乎一样，口感的区别主要是因为酱料。

一般到台湾，总想买点伴手礼带回来，凤梨酥、牛轧糖好像普通，看见真空包装的万峦猪脚觉得比较特别，就特地买了两包，后来发现是失策的。

首先这猪脚是比较淡的，必须要蘸酱料，但分开包装的酱料是新鲜调制的比较好，如果不是当天的飞机飞回来，酱料就没法带，但如果没有他们的酱料，吃起来就差很多。

再一个因为这猪脚是摆冷盘的，所以热吃口

感差很多，但我带回来的猪脚因为在路上又耽搁两天，所以回家必须加热一下，口感就老掉了，很可惜。

综上所述，这万峦猪脚带回来做伴手礼一定要当天能回程才可以带，不然背起来很重，且送给别人却会被人抱怨，因为热过就不好吃了。

再说说这万峦猪脚的味觉体验吧，我觉得蛮好吃，作为一名非肉食动物，这款猪脚能吸引我说明它的确有独到之处，首先在卤猪脚的时候，基本上选用一样重量的猪脚，这样卤煮时间才会一样，得到的口感也比较标准化。

再一个卤这个猪脚是一定要放台湾米酒的，可能是台湾米酒里面添加的糖蜜的味道已经深入人心的关系，放进去就会增加很多台湾味道，如果放黄酒可能就变成万山蹄了。

路口还有一家卖水果盘的店，用一种青番茄和自己特制的酱料做成果盒，风味十分独特，是典型的台湾水果吃法，就是酸的水果蘸咸的料吃，不过我不太吃得惯。台湾当地人吃水果也有蘸梅子粉的，我走的时候阿义师给我一包他店里自制的梅子粉，味道很好，可以试一试。

好吧，回来再说说这个猪脚，刚开始吃的时候，你会觉得一个人吃完一只也没问题，但它毕竟是猪脚，吃着吃着就有疲倦感了。所谓的猪脚，其实是我们习惯说的蹄髈，一只蹄髈的热量、脂肪给身体造成的负担不会因为它的美味而降低，尝一尝就好了，不要太过放纵啊。

我们却是放纵了自己，每人买了真空包的带回家，还在两家不同的店里各买了一只回来对比，吃完两只蹄髈再去吃羊肉炉，的确是不要命的美食探访团啊。

羊肉炉给我的感觉很深刻，因为很有故事。

万丹的羊肉炉原来叫“王品羊肉”，差不多有 30 年的历史，自己家里的店，也没有想到要

商标注册什么的，后来有财团投资做了连锁品牌，他们因为同名变成了侵权，就要叫他们把名字改掉，万般无奈，他们就把“品”字直接从灯箱上贴掉，生意还是照样做。

一般台湾的店都还蛮小的，这家不一样，停车场就有球场大，店堂像食堂，而且是以前那种大食堂，应该有五六十张圆台面那么大，桌椅跟内地的饭店比起来是比较简陋的，跑堂的没几个人，跑得最勤快的是少掌柜的，戴着眼镜，头发有点自然卷，性格很腼腆的样子。

店里的菜没什么花样，就是咖喱羊肉和当归羊肉，区别在汤，但不要以为是火锅哦。两大锅都是放了羊肉在里面煮的，一锅煮的时候放了咖喱，另一锅则是当归滋补型的。羊肉带汤煮好以后放了卷心菜和豆腐上来，大热天吃起来，一身汗，暑湿全部排出来，冬天生意更是好，偌大的店堂坐满了还有不少人排队。

羊肉是每天早上活杀的热气全羊送来在店里现切开的，台湾当地人不叫热气，叫温体，也很形象。店里用的羊是黑山羊，跟崇明的羊肉很像，没有膻气，吃口也很软糯。

吃法比较独特的是汤里煮了卷心菜和豆腐，这是台湾特色，我们一般喜欢放大白菜，卷心菜其实营养很好，吃了高热量的羊肉，再吃一点新鲜的卷心菜，很科学，口感也不错。

本来，这也就是一次普通的探访，可是在发现我们的餐桌上少了一个人之后，故事有了逆转。由加拿大回来的大伟这一路因为可能因为外形阳光健康高大，有点王力宏那一路的优质偶像感觉，颇得各位世家长辈的喜欢，尤其是家里有女孩子的掌柜们，看见他都像看见了宝一样地两眼放光，在这一家，老板的大女儿跟大伟攀谈甚欢，一手扶着柱子，款款而谈。

我们吃到一半才发现大伟不见了，我去厨房找，便看见这风光旖旎的一幕，羊肉西施的身段一流，让我浮想联翩，后来才知道，她比我年纪

还大，孩子已经要上大学了，哈哈哈，我又想多了。

这一家也真是奇葩，爸爸妈妈和儿子都是长相平平的普通人，两个女儿却让人惊艳，不仅大女儿年届中年还会被我冒认为少女，小女儿更是明艳动人，是十足的辣妈。很小她们就开始在厨房帮忙，二十几年下来却完全没有烟火气，真是奇突，都说羊肉尤其是当归羊肉对女人有特别好的滋补作用，有这两位，还真的算得上是铁证如山。

当年因为生计无着才开了羊肉炉的小店，就这两锅羊肉行走江湖，到现在也没什么太大的变化，唯一的变化是，原来租别人的房子做生意，房东涨房租是头等大事，现在自己家买下了几乎半条街，子女也都长大了，父母则渐渐老去，虽然经济状况今非昔比，一家人还是守着这个店过日子，家庭的凝聚力让人感动。

不过这家店比较偏远，我虽然也一样奉上了地址，不知道大家是不是找得到哦。

埔里·一心·百香果

百香果从南美洲引种来台湾不过 30 多年，却改变了台湾当地人的味觉体验，从甜品到冰品到菜品，处处能品尝到百香果甜酸香的特质。一心百香果由黄佳淇和老公经营，以前种萝卜的普通田地变身整齐有致的百香果园，地里的鲜果除了直接售卖，在全熟之后再加工成百香果汁、百香果酒和百香果冻，辛苦劳动换来殷实的生活，朴实的面孔上自然会有微笑。

台湾除了台菜的原来四个流派——闽南菜、客家菜、眷村菜和渔村菜之外，还吸收很多西洋南洋的元素，所以西餐很流行，东南亚菜也受追捧，日式料理店更是很多，人们爱去台湾找吃的，正是因为这小小的一个岛上聚集了太多不同风格的世界美食。可是大家有没有想过，西餐、中餐、日料以及泰国咖喱，大家需要的食材原料是不一样的，尤其是香料和调味料的部分，差别太大，这小小一个岛，如何保证各种菜系味道的正宗呢？

这一点真的会佩服台湾当地人的勤劳和坚持，他们为了得到新鲜又相对便宜一点的食材，会不断从国外引进新的品种，然后根据台湾的气候摸索出种植的经验，所以，可以不夸张地说，没有台湾的农人，就没有台湾的美食。

在台湾，走在田野里，是最让人感动的。

为了提供给西餐馆新鲜的芽菜做色拉，会有人花 10 年以上的时间去琢磨各种种子发芽的规律，最终让花生芽、小麦草、苜蓿芽等新鲜有机的芽菜得以端上餐桌。

为了让凤梨更加好吃，年轻的夫妻会自己留一片地做实验，不断寻找新味觉的凤梨，费时费力消耗金钱却在所不惜。

东石养蚵人，东港养鱼人，脸上都有被阳光亲吻的烙印，但也有阳光一样灿烂的笑容。

他们是发自内心想做好自己的工作，并且热爱自己养殖或种植的那些食材。

有了他们的认真和辛劳，才会有好吃的料理。

黄昏时候抵达埔里的百香果园，我就被又一次震撼了。

漫山遍野的百香果园在山岚中显得十分娟秀，真的，是那种江南美人一样娟秀的视觉享受。果园里百香果有的还在花季，有的已经挂上了漂亮的果实，端午前后正是果农看见希望的季节，开花了，结果了，但还没有收获，果实必须要由青转红，变成美丽的桃红色，那时它已经吸收了足够多太阳的精华，才能采摘下来。生的百香果是青色的，内瓤雪白，成熟的外壳变成红色，内瓤变成金黄色的浆，还有黑色的籽藏在里面，这个时候它的本源也就让人看出端倪了。

未成熟的娟秀，还有着江南的韵味，而成熟后这么香艳的韵味，暴露出它南美洲的血缘。

30 多年前，台湾没有百香果，我所站着的这片田地是种萝卜的，后来当地农会引进百香果，提升台湾水果的品质。农会找到他们家，他们便试种了很小的一块，大家都是在摸索中前进，而且对于大多数台湾当地人来说，百香果又十分陌生，未来都是未知数。

但慢慢坚持下来，现在他们已经是百香果种植业的大户，萝卜是早就不种了，为了让百香果的味道能更好保留，他们还建了加工厂，生产各种百香果的产品，百香果果冻、浓缩百香果汁、百香果酒，真的是应有尽有。

还未成熟的百香果

用百香果酿的酒好喝

别看百香果园优雅漂亮，照顾它的一切都靠人工，没有机器可以依赖，育苗之后要手工分藤，再给它们搭建棚架，还要经常清理杂草，那整齐漂亮的精致，都靠人的双手做出来呢。

离开果园路过黄佳琪家，她一定要我们等一等，然后拿出一大壶冰百香果汁请我们喝。果汁颜色十分漂亮，是金黄色的，只是用浓缩汁加六份的净水兑出来的，可是真的好好喝，再晚一个月，7 月的时候，炎热的果园里开始采果，很快全台湾都能尝到这一季最幸福的味道，实在很让人羡慕啊！

百香果不仅可以生吃、榨取果汁当饮料，台湾当地人会拿百香果入菜，著名的凤梨虾球正是添加了百香果汁才会更加香酸入口，在制作猪肉和鱼肉料理的时候，也可以用百香果来获得更加清新的糖醋味，下面就教大家一道百香果料理吧。

百香果翠衣色拉

食材：

❶ 西瓜皮白肉、百香果两个、九层塔。
❷ 盐、蜂蜜、乌醋、麻油、胡椒粉。

做法：

❸ 将西瓜皮绿的部分去掉，留下白色的果肉，切成 5cm 左右的条状。
❹ 将西瓜皮白肉用盐捏一捏，洗干净，放在冰水里冰镇 10 分钟沥干。
❺ 取百香果肉出来，切碎九层塔。
❻ 将百香果肉和九层塔以及盐、蜂蜜、乌醋、麻油、胡椒粉 搅成色拉酱。
❼ 将西瓜皮白肉丝用百香果色拉酱拌匀，填进百香果外壳中。
❽ 完成！

九份·阿柑姨·芋圆冰

如今，满街都是芋圆做成的甜品，但芋圆的创始人却没有收到一分钱的专利费哦，也有不少连锁餐饮会希望跟她合作，打上正宗九份芋圆的商标，她，却坚持默默守在九份，守着唯一的一家阿柑姨芋圆。

九份，如今是台湾著名的旅游地，晴朗、阴雨都会挤满游客。

当年，它有过冷落的时候。

这小小一个市镇，原先是挤满淘金客的，冒险家带着梦想来，却不知道金山不会长，有一天会被掏空。阿柑姨嫁来九份的时候，淘金客梦落，大量的人离开这里，已经在这里生儿育女的阿柑姨只能守着国小门口的一间柑仔店窘迫度日。

那一年，芋头涨价，柑仔店门口烧煮换钱的蜜芋头变得入不敷出，阿柑姨就停止了售卖，可是国小的孩子们却希望继续享受那种甜蜜的味道，于是央求阿柑姨不要取消这种原本廉价的甜食。阿柑姨也希望多一些收入，于是试着将太白粉加进芋泥里面，做成芋圆，试着降低成本。

没想到这种软糯滑爽的新品大受欢迎，渐渐地，柑仔店没什么生意，芋圆却供不应求，阿柑姨干脆关掉柑仔店，在原来的店里卖起了芋圆。30 多年过去了，店里还是只有芋圆，一种是糖水，一种是冰。

侯孝贤到九份来拍《悲情城市》，这部影片成了国际影展的大热门，这个小镇也因此有了知名度，再后来，据说宫崎骏以九份为原型画出了《千与千寻》里的天空之城，九份独特的山城风

景成了观光客的大热门。

身边世情的起落让阿柑姨的小店成了九份的标志物，到九份走到最高处的国小门口，吃一杯阿柑姨家的芋圆冰，成了一个习惯，也为阿柑姨带来财富，让他们一家五口人盖起了大房子，也获得了谋生的机会。

但，阿柑姨却注定是劳碌的，好端端的，大儿子摔坏了头，不能独立生活，一把年纪了还要妈妈照顾。到了年纪，相依为伴的老伴也仙去了，独立苦撑的阿柑姨做到七十几岁，实在做不动了，只能将在外面企业上班的二儿子叫回来照顾店。

如今的阿柑姨芋圆冰，小小破破的店面，走进去豁然开朗，有近200个座位，大半可以看见山景，每天门外排队的人络绎不绝，沿着蜿蜒的山路要排几十米。

好吧，我不在意她的名气，但既然来探访，总要尝一尝，没想到一吃就停不下来，微微发紫的是芋头，淡淡黄色的是山芋，完全不添加色素和香料，也没什么惊人的味道，但那种口感就会吸引你一口接一口地吃下去，吃完以后喝一点甜汤，还有意犹未尽的感觉。

如此有名的店，只有10个人在里面工作，而且不开分店，虽然阿柑姨是芋圆的首创者，但看着别家将芋圆做成了大生意，她却坚持只在九份售卖芋圆。

因为只有大甲的芋头才有那种底气，可以不加香精和色素做出欲罢不能的美味，淘金客，观光客，都是人生的过客，守着家人拥有平顺的幸福，这才是芋圆冰的本来面目。

阿柑姨的芋圆，即使经过冷冻，也还是那么软糯，所以会有很多人慕名来买了带回去煮了吃，也会有连锁餐饮和食品生产企业希望跟她合作，大批量生产获取利润，那些路都比守着这一家小店要来得富裕。

但，只有自己家现做的，才能达到阿柑姨的要求，所有的芋圆都是在完全开放的环境里生产出来，进门的收银区就是加工区，明明白白吃得放心，也正是如此，阿柑姨的芋圆才会获得不一样的尊重。

寻访阿柑姨的时候，我在九份的街口遇到另一个卖芋头冰淇淋的老奶奶，看起来十分精神，但也不年轻了，还是手脚麻利地在工作。

见我细细端详她的制作过程，她几乎是很优雅地笑了笑说："每天就是这样刨呀刨，停不下来啊。"

停不下来，是这些勤劳的人们支撑自己的动力吧，另一家卖芋头冰淇淋的店，站一排年轻人，预做好准备工作，就少了那一份现做现吃的等待，生意自然也差一些。

有的美味，值得你特地去吃一次，九份的芋头冰淇淋、菜粿和芋圆，就是这样值得尊重的食物。

竹山·父子档夫妻店·茶的故事

台湾当地人爱茶，并且把喝茶当做一场游戏，从中找到超级变变变的乐趣，泡沫红茶、珍珠奶茶、醋茶大行其道，但每一个爱茶的人也会告诉你，不管茶如何变化，他们最爱的还是茶的本身。

如在台中，泡沫红茶和珍珠红茶的发源地，坚守着茶的文化和衍生品，不断带来茶的新式喝法，更将茶和花艺结合，打造出清新文艺又悠闲的休憩幸福地。

台湾的茶人，有很多值得人尊重的地方。

5月底6月初，正是做茶的季节，达人陈老师带我们去鹿谷茶区，遇雨，转道竹山恰遇赖家父子，赖爸爸善于识别茶青的优劣，负责采购，赖家兄弟俩一个擅长把握制茶的品质，一个善于经营，一家人靠天吃饭，也靠自己的团结协作，经营茶厂，茶香里的生活，看起来简陋，却十分轻松惬意。

他们工厂的墙壁上，有一张手绘的表格，认真记录产茶季节的劳作情况，并以此作为茶叶定级的标准，制茶工场也十分整洁，弥漫着馥郁的茶香。

在竹山开茶叶店的陈先生夫妇俩和儿子一起经营，妻子蔡老师是茶业评审师，同时也是花艺老师，对着静谧的茶山，过着恬静的生活。

在他们的店里，有很多很有意思的茶具，都是蔡老师自己去日本搜集来的，小小的店里，不乏让人惊喜的妙品。

蔡老师自己也在修习花艺，店里布置着她的花艺作品，一处随手撒落的花瓣，最有禅意，让人感受到对生命的热爱和对美的不断坚持。

在茶店最显眼的位置，摆着一些陶制的茶具，是他们和陶艺家合作的项目，提供空间展示艺术家的作品，也算是一种支持，更看得出她的品位。有趣的是，春水堂的另一个品牌秋山堂也是以售卖传统茶为主的，并不挣钱，但也会一直坚持和陶艺家合作，推广有生命力的作品。

这是一种因为热爱和了解才会有的感悟。

因为茶而共生的花艺、陶艺，必须要在相互扶持和支撑之下，才会更有希望。

即使在寂寞的角落，也要认真而且美丽地活着，这是一种优雅和高贵，茶和食物，在台湾从业人员的心里，被热爱和尊重，所以，虽然是小小的并不是很合适茶叶生长的海岛，却有着让人温暖的茶人和充满生命力的茶文化产业。

这一点，是台湾茶的价值所在。

后记·牵手

最近，患上“拖延症”，最好的例子就是，这本书已经排版完毕了，我的后记还一直拖着没有写，甚至，还在这个周日的清晨，生出“算了，后记就不写了吧”的念头来。

可是，要告诉大家的，还有很多，不写，过不了自己那一关啊。

2014年的端午前后，正是台湾各地的竹笋次第上市，最为鲜美的季节，我这个酷爱吃笋的人去了台湾，第一次去，前后九天，到了第七天的时候，就在心里哭着闹着想回来了，为什么？9天，吃了50多顿，而且几乎顿顿是光盘的，你试试？

回到上海，迫不及待要把吃的那些东西吐出来，于是，赶在孩子放暑假之前，把初稿写完，剩下后记这个小尾巴的时候，孩子放假了，于是堂而皇之地把作业丢下来，像个鸵鸟一样钻进“我要带孩子”的沙堆里面，混起日子来。

可是，树欲静而风不止啊。

在台湾新认识的龙凰号的少东家沈老板和猫空大茶壶的阿义师不知道为什么来上海，好像是来领一个什么奖，好吧，大家见面，我的心里想到的是——后记没写完。

隔一阵子，阿义师又从台湾捎来他自制的白金级干贝酱，每天吃着，每天心里想着——后记没写完。

又几天，一茶一坐开始在各地举办“台宴”，邀请我去讲台湾菜和它们背后的故事，十几个故事，20多道台湾菜，粉丝和记者们吃得欢，我却心事重重——后记没写完。

等“死”是难受的，早“死”早超生，好吧，今天就写！

要写这篇后记的时候，不知为什么，脑子里一直回荡《牵手》的旋律（暴露年龄了吧！一个出了20多本书的人，大家早就对你很了解了，装嫩绝不可能了！我就是40多岁的中年妇女，如何？哈哈，说出来，很爽）。是啦，对于台湾的印象，一早就是因为台湾的歌曲、校园民谣、苏芮、罗大佑……别看我柴米油盐，当年我也是音乐通，家里上千盘引进版的磁带和上千张CD，不是一朝一夕的事情，不好意思，又扯远了。

好吧，大家也是如此吧，听着台湾歌长大，又看一点台湾电影，偶尔，家里还有台湾亲戚，那个神秘又亲近的地方，如今可以去了，一去之下，打动我们的，居然会是美食。

去台湾以前，我很不屑，我是哪里人——扬州，一座刚刚过了2500岁生日的老城，我们维扬菜食不厌精，注重食材，顺应天性，是中国菜的精华所在。台湾，不过是个小岛，因为景仰内地的美食，所以辛苦利用当地的食材不停“山寨”，希望重新品尝到记忆中内地的味道，所以，台湾的食物，内地都有，我是这样想的，应该没错吧。

去了台湾，我不断在“劳动改造”，劳动的是我的嘴和胃。

飞机，坐的是中华航空，上了飞机就吃了，因为不吃很快飞机就要降落，飞机餐我不怎么要吃，虽然每次也会吃完，只是因为我的饭量比较大而且不喜欢暴殄天物而已。可是这一顿飞机餐，让我有一种实实在在已经到了台湾的感觉。

首先，空姐客气，那是真客气，不是模式化的，那种温婉的讲话方式，就是我们希望的人与人的对话。行程一个多小时，却准备了很多的毛毯和靠垫，只要你要，她就会赶快拿来给你。回来不久我又坐飞机去北京，邻座也要毛毯，空姐很有礼貌但其实无理地回答说：“今天飞机上小朋友很多，毛毯已经不够了，不好意思。”哈哈，这就是差异。

再说说飞机餐，餐前有热的乌龙茶供应，味道虽然一般，但温热妥贴，很开胃，餐后空姐又来加一点，更加舒服。我们的要求其实也就这么简单，对不对？但很多时候满足不了。我们会自我教育说——算了，又不是在家里，谁管你那么多。可是在台湾，很多时候会觉得像在家里一样。不会有人在你要求加点水的时候跟你说——这一杯饮料是送的，就这一杯；也不会有人客气但严厉地说——这是我们公司的规定。

说这些话的人，忘了顾客是衣食父母，在台湾的餐饮界，很多人没有忘。

据说中华航空的飞机餐都是台湾特色，那天我们吃到卤肉饭还有凤梨酥，证明确有其事。

机场出来，觉得在海南，只是植物不一样，

海南遍地是椰子树，台湾却是槟榔树多。

沈老板来接我们，典型的台湾小伙子，而且看不出年纪，是因为卤肉饭吃多了，胶原蛋白不缺的缘故吗？我们的台币也是托沈老板带来的，上了车大家就在点钱，还没有习惯台币的面值，拿到手的不是一千就是一万，那种“成千上万”的感觉，像黑帮交易，尤其是这一次带我们环岛游的美食指导启云哥，还有一臂很酷的刺青，更让小刘和大伟这两个“80后”十分亢奋，莫名地乱笑。

当晚入驻淡水渔人码头的福容，窗子外面就是海，清净的海，几乎没什么人，激动的我立刻就在朋友圈里叫人——飞两个多钟头去海南，不如一个钟头飞来台湾吧，人少，海蓝，速来。到了晚上，渔人码头又是另外的风景，很多人骑着摩托车到这里聊天，据说福容的主厨阿基师就是一位骑着摩托车去买菜的传奇人物，而我们这一路见到的厨师们，爱骑摩托车的甚多，台湾多山，路有高高低低，弯弯曲曲的特点，骑起摩托车来真的很过瘾。台湾的马路上，常有摩托车呼啸而过，只跟着团去日月潭阿里山，体会不到。

回来以后，我跟朋友说，我去了台湾九天，回来决定写一本书，很多人做出大吃一惊十分佩服的状态，但我知道，他们心里在想——怎么可能？这个女人想钱想疯了。

可是细想想，上帝造这个世界，也不过七天，九天能看到的，真的不少，就看你如何去看。

这九天，我们不停吃喝，从台北吃到高雄。50多顿，几乎没有一顿重复的，而且，我们的餐桌边总有台湾美食的活字典——启云哥，还有沈老板和阿义师这两位“地头蛇”，食材的来源和特性，不仅在餐桌边领会，还带我们直接去田间地头探访，大雨中穿着套鞋走进小鸭的孵化场，那种味道，哈哈哈哈，你去闻一下就知道！

这九天，我们三次去医院，急诊、五官科、小诊所，都去体验了。在慈济医院得到了震撼，让我对证严法师的认同立竿见影。

这九天，我们上门做了客，半夜理了发，车子还在高速公路上冒烟抛锚，夜里在酒店，还遇到一位半裸的老爷爷上上下下坐电梯玩。甚至，还有人被当地的美女相中，差点萌发一场艳遇。

我们还在最后一分钟赶去便利店拿高铁的车票，并因此爱上台湾的便利店。

不过最有趣的事情，不是发生在我们身上。

因为我们还要谋划拍一组台湾美食的视频采访，所以 2013 年合作过的音乐厨男张志林先生作为外景主持和项目主导人特地从上海赶来和我们会合，我们和他相约在台北重庆北路的龙凰号见面，并让他先吃吃卤肉饭感受起来。

可是，我们从桃源街探完点回到龙凰号，已经下飞机差不多 3 个小时的他，居然还不在店里，电话给他，他说——我已经在店里了啊！

我们再次在店里搜寻，店堂又不大，也没有二楼，他去了哪里？

过一阵子，见他拖着箱子从另一边走过来，他说我已经在隔壁的三元号吃过，然后走错了，去了另一间龙缘号。

过程是这样的，志林拖着箱子走进龙缘号，跟伙计说：“我找沈老板！”伙计冷淡地说——沈老板在睡觉。

然后就让志林坐下，志林也是神经大条的人，居然就坐下来，然后若无其事吃起了卤肉饭。吃完以后，再问，说沈老板在楼上睡觉，志林说我把箱子放在这里，出去一下，伙计说——可以，你放楼上吧。门一开，是一条狭长的直楼梯，拖着箱子似乎上不去。

志林这才觉得可能不对劲，于是结了账出来。

三家卤肉饭，开在一条街，哈哈，总有些恩怨纠结，“被睡觉”的沈老板笑着说：“他说的睡觉一定是那种睡比较久的，哈哈哈。”相逢一笑，更有年代剧的感觉了。

这一路，大家都很辛苦，但也开心。小刘和大伟因为共同的爱好成了好友；我因为不停地吃，长了三斤；启云哥的妈妈优雅又年轻；阿义师的老婆带着牙套，看起来像台湾电影里的学生妹；半夜里去理发，武哥武嫂技艺高超，让 20 多年没烫过头发的我下决心卷了大波浪。据说，到台湾，不是看风景，不是吃夜市，是去见台湾的人，我做到了，难怪这么开心。

飙了车，偷了西瓜，大雨中不断走错路，乘

出租车师傅有心拒载，膀大腰圆的中年汉子撒娇说——我今天开了一天车，真的很累了，想早点回家休息，好不好？

这种风景，是不是有电影的节奏？

不过，我们的是——《后会有期》！

感谢

一茶一坐　陈定宗　林盛智

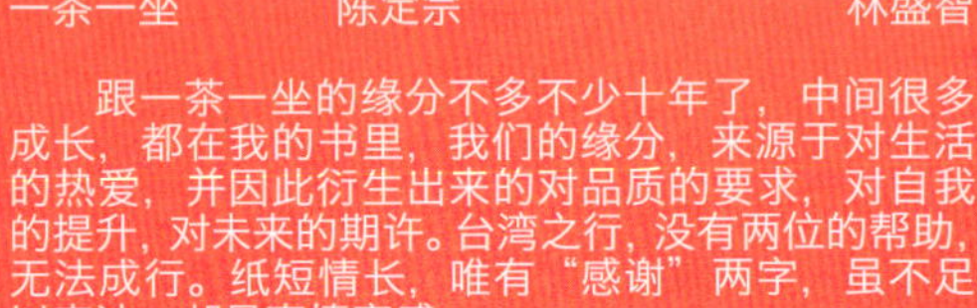

跟一茶一坐的缘分不多不少十年了，中间很多成长，都在我的书里，我们的缘分，来源于对生活的热爱，并因此衍生出来的对品质的要求，对自我的提升，对未来的期许。台湾之行，没有两位的帮助，无法成行。纸短情长，唯有“感谢”两字，虽不足以表达，却是真情实感。

全程美食指导　黄启云

站在台湾的街头，我觉得很有安全感；开始筹划我的转型，我也很有安全感。美食界老大，今后还要不断麻烦你哦！

项目支持　张志林

十年前的《茶之恋》我们相识，十年后同游台湾，你小子怎么好像还是十年前的样子？去年折腾你拍微电影，今年还要继续折腾你，这一次是吃遍台湾，你喜欢的！

通 联／摄影　杨大纬

虽然早上才剃过胡子，到下午就成了“毛人”，虽然怕热又爱睡，但你真的是个很细心很负责任又很有担当的“ABC”，而且，一路工作，还一路想着女朋友，哈哈哈，让我相信真爱啊！

平面设计／摄影　刘世斌

到台湾也不忘记给儿子买巴士玩具的好爸爸，对吃有着无比的兴趣和热情，但突发的“脱水”事件真的把我们吓坏了，一边催你干活，一边劝你注意身体，人生就是这么矛盾啊！

特别鸣谢支持企业

喝好茶 简单泡
Fine Teas, Easy Brew

品味生活"喝好茶"

茶是仅次于"水"全世界消耗量最大的饮料，茶拥有450余种有机化合物，不仅能让人消渴、解腻、醒脑、提神及稳定情绪，茶叶中的儿茶素，茶氨酸更有抗氧化，去除自由基，消除人体辐射量的效果，故"茶"被称为是上天赐给人类最好的礼物。EASTCHA精选"形美、色艳、香浓、味醇"的各类好茶，让"喝好茶"成为现代人品味生活的一种享受。

时尚健康"简单泡"

泡茶是一门真功夫，对现代人来说泡茶不仅要简单、快速、卫生、方便，更要通过泡茶体味出生活的多姿多彩。EASTCHA"分享包"袋泡茶系列，特别挑选高级原叶茗茶，采用高科技环保玉米纤维茶包制成。精细透明的茶包，可让人观赏到茶叶在水中舒展的婀娜姿态，同时能让茶叶迅速融于茶汤之中，散发鲜醇馨香气韵。无论热泡、冰镇泡及冷泡都能满足简易、方便、快速的泡茶需求，"简单泡"让你"享茶时刻，时刻享茶"。

幸福的味道更优惠集合

1月特惠 EASTCHA

随身逸酷

逸酷组合：
~~原价76元~~
特惠价68元

活动日期：2015.1.1-2015.1.31

2月特惠 EASTCHA

桂子飘香

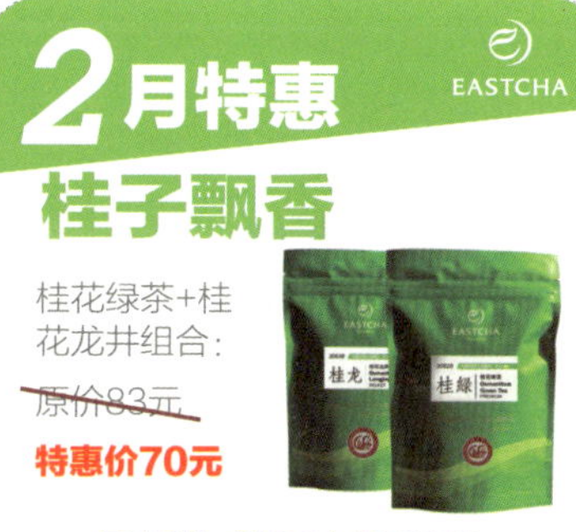

桂花绿茶+桂花龙井组合：
~~原价83元~~
特惠价70元

活动日期：2015.2.1-2015.2.28

3月特惠 EASTCHA

雅礼盒

雅礼盒：
~~原价238元~~
特惠价200元

活动日期：2015.3.1-2015.3.31

4月特惠 EASTCHA

清爽乌龙

蜜桃乌龙+冻顶乌龙+桂花乌龙组合：
~~原价114元~~
特惠价96元

活动日期：2015.4.1-2015.4.30

5月特惠 EASTCHA

活瓷活水

活瓷随身杯（所有颜色）：
~~原价328元~~
特惠价268元

活动日期：2015.5.1-2015.5.31

6月特惠 EASTCHA

颂礼盒

颂礼盒：
~~原价298元~~
特惠价238元

活动日期：2015.6.1-2015.6.30

EASTCHA
逸茶雅集

喝好茶 简单泡

三大泡茶法

Fine Teas, Easy Brew

Hot Tea

取一包逸茶雅集三角包置入杯中。

Put a tea bag in your cup.

注入适温及适当量的水于杯中。

（请参照最佳品茗冲泡对照表。）

Pour 250 ml hot water slowly into your cup.

静待2～4分钟即可饮用。

Steep for 2~4 minutes and enjoy.

品味热饮
Hot Brewing

特色：

1. 茶叶成分尽出
2. 香气特显
3. 茶汤浓醇
4. 口感特色充分体现
5. 入口温暖有幸福感

Iced Tea

取一包逸茶雅集三角包置入杯中。注入适温热水于杯中，静待2～4分钟。

Get one tea bag,pour hot water slowly into your cup. Steep for 2~4minutes.

将泡好的茶倒入较大的茶壶中。

（请参照最佳品茗冲泡对照表。）

Pour the tea into a larger pot.

加入150克以上的冰块，即可饮用。

Add over 150g ice cubes. Enjoy.

鲜爽冰镇
Iced Cha

特色：

1. 茶汤滋味醇和
2. 冰镇爽口又解渴
3. 结合热饮冷泡特色
4. 可创意特调

Cool Infusion

取2袋茶包置入瓶中。

Put Two tea bags into the bottle

注入18～25°C常温水，500ml水量至瓶中。

Pour 500ml 18~25°C temperate water slowly into the bottle.

放入冰箱中4～6个小时后取出即可随时享用。

Place in refrigerator. Steep for 4~6 hours. And enjoy it.

酷饮冷泡
Cool Infusion

特色：

1. 茶氨酸优先释出
2. 健康冷饮易人体吸收
3. 茶汤鲜醇不苦涩
4. 较少咖啡因
5. 清凉品饮不烫口
6. 冲泡简单携带方便

EASTCHA
逸茶雅集

温馨提示：

1.本券为2015年《台湾美食行走秘籍》之优惠券。
2.凡于活动期间内在一茶一坐门店购买指定商品。
3.适用于中国地区一茶一坐餐厅使用。
4.本券不能与其它优惠活动同时使用。
5.请在结账时出示此券，券于使用后回收。
6.有效日期印刷于本券正面，本券逾期视同无效。
7.复印、涂改、过期、剪角视为无效。

EASTCHA
逸茶雅集

温馨提示：

1.本券为2015年《台湾美食行走秘籍》之优惠券。
2.凡于活动期间内在一茶一坐门店购买指定商品。
3.适用于中国地区一茶一坐餐厅使用。
4.本券不能与其它优惠活动同时使用。
5.请在结账时出示此券，券于使用后回收。
6.有效日期印刷于本券正面，本券逾期视同无效。
7.复印、涂改、过期、剪角视为无效。

EASTCHA
逸茶雅集

温馨提示：

1.本券为2015年《台湾美食行走秘籍》之优惠券。
2.凡于活动期间内在一茶一坐门店购买指定商品。
3.适用于中国地区一茶一坐餐厅使用。
4.本券不能与其它优惠活动同时使用。
5.请在结账时出示此券，券于使用后回收。
6.有效日期印刷于本券正面，本券逾期视同无效。
7.复印、涂改、过期、剪角视为无效。

EASTCHA
逸茶雅集

温馨提示：

1.本券为2015年《台湾美食行走秘籍》之优惠券。
2.凡于活动期间内在一茶一坐门店购买指定商品。
3.适用于中国地区一茶一坐餐厅使用。
4.本券不能与其它优惠活动同时使用。
5.请在结账时出示此券，券于使用后回收。
6.有效日期印刷于本券正面，本券逾期视同无效。
7.复印、涂改、过期、剪角视为无效。

EASTCHA
逸茶雅集

温馨提示：

1.本券为2015年《台湾美食行走秘籍》之优惠券。
2.凡于活动期间内在一茶一坐门店购买指定商品。
3.适用于中国地区一茶一坐餐厅使用。
4.本券不能与其它优惠活动同时使用。
5.请在结账时出示此券，券于使用后回收。
6.有效日期印刷于本券正面，本券逾期视同无效。
7.复印、涂改、过期、剪角视为无效。

EASTCHA
逸茶雅集

温馨提示：

1.本券为2015年《台湾美食行走秘籍》之优惠券。
2.凡于活动期间内在一茶一坐门店购买指定商品。
3.适用于中国地区一茶一坐餐厅使用。
4.本券不能与其它优惠活动同时使用。
5.请在结账时出示此券，券于使用后回收。
6.有效日期印刷于本券正面，本券逾期视同无效。
7.复印、涂改、过期、剪角视为无效。

图书在版编目（CIP）数据

台湾美食行走秘籍 / 吕玫著. -- 上海 : 上海科学普及出版社, 2014.12

ISBN 978-7-5427-6311-2

Ⅰ. ①台… Ⅱ. ①吕… Ⅲ. ①饮食－文化－台湾省 Ⅳ. ① TS971

中国版本图书馆 CIP 数据核字（2014）第 266125 号

责任编辑　赵　斌
　　　　　林晓峰

台湾美食行走秘籍

吕玫　著

上海科学普及出版社出版发行

（上海中山北路 832 号　　邮政编码　200070）

http://www.pspsh.com

各地新华书店经销　　上海画中画包装印刷有限公司印刷

开本 787×1092　1/16　　印张 9.5　　字数 185 000

2014 年 12 月第 1 版　　2014 年 12 月第 1 次印刷

ISBN　978-7-5427-6311-2　　定价：35.00 元